W0094788

Inhalt

3 Antworten, die das Buch gibt

1 *Warum braucht Wertschöpfung auch Wertschätzung?*

Gegenseitigkeit, Anerkennung und Achtsamkeit sind die Grundlagen jeder tragfähigen Beziehung zwischen Kunden, Mitarbeitern und Management. Nur wenn diese Beziehungen stimmen, ist eine maximale Wertschöpfung möglich. Wertschätzung muss von den Mitarbeitern gelebt und von den Kunden erlebt werden. Wir werden immer nur das selbst erhalten, was wir auch selbst geben.

2 *Wie kann man dienen, ohne Diener zu sein?*

Dienen bedeutet, sich auf andere Menschen einzulassen, ihnen Freude zu bereiten und dafür selbst Anerkennung zu empfangen. Spürt man die Freude anderer, empfindet man auch Begeisterung für das eigene Tun. Wenn das der Fall ist und die Mitarbeiter wissen, dass sie das Richtige tun, befinden sie sich auf Augenhöhe mit ihren Kunden. Menschen, die sich gegenseitig respektieren, sind niemals Diener, auch wenn sie anderen zu Diensten sind.

3 *Wie kann man das Service-Kamasutra im eigenen Unternehmen umsetzen?*

Alle Beispiele in diesem Buch lassen sich auch in andere Bereiche übertragen. Trainieren Sie Ihre Wahrnehmung und Achtsamkeit. Nichts verändert unser Denken mehr als Erleben und Handeln. Gedankenlosigkeit ist das größte Hindernis auf dem Weg zum Erfolg, und falsche Annahmen führen zu falschen Ergebnissen. Beachten Sie, dass der Wunsch der Menschen nach Anerkennung und Selbstverwirklichung der Kern allen Tuns ist.

Vorwort – Eine Quelle der Inspiration in der Servicewüste Deutschland

Meine Arbeit, die Beratung von Unternehmen, das Durchführen von Seminaren und das Halten unzähliger Vorträge, hat mich quer durch Europa geführt, und ich kann beim besten Willen nicht mehr sagen, wie oft ich in Hotels übernachtet habe. An die meisten erinnere ich mich kaum noch und ich vermute, dass es den Leserinnen und Lesern, die wie ich häufig in Hotels übernachten, ähnlich geht. Manche große Hotelketten legen ja Wert darauf, dass ihre Häuser weltweit denselben Qualitätsstandards entsprechen. Wenn man dann morgens in seinem Zimmer erwacht, weiß man manchmal nicht, ob man jetzt in Berlin, Paris, London oder Zürich ist.

Da sind mir individuell geführte Hotels lieber. Luxus und Perfektion folgen überall auf der Welt nahezu denselben Regeln. Individualität entsteht jedoch erst durch Liebe, Lust und Begeisterung, die man als Gast erlebt, so wie es im Mindnesshotel Bischofschloss von Bernd Reutemann der Fall ist. Was man dort spürt und erlebt, ist mehr als nur Gastlichkeit. Bernd Reutemann hat es geschafft, sein Hotel für seine Gäste zu einer Quelle der Inspiration zu machen. Das ist nicht nur in Deutschland eine Seltenheit.

Ich habe Deutschland vor Jahren eine Servicewüste genannt und als kundenfeindliche Gesellschaft bezeichnet. Heute möchte ich einräumen, dass es in dieser Wüste auch Oasen gibt. Und es ist Menschen wie Bernd Reutemann zu verdanken, dass die Zahl der Serviceoasen erkennbar zugenommen hat. Wenn mir Missstände auffielen, habe ich zugeschlagen wie ein Samurai und damit manchen Verantwortlichen hart getroffen. Das tut Bernd Reutemann nicht. Er setzt mit seinem Prinzip des Service-Kamasutra auf die Macht der positiven Vorbilder und darauf, dass sich Liebe, Lust, Disziplin, Qualität und Ausdauer als Weg zum Besseren durchsetzen werden.

Wahrscheinlich wird ihm wie mir auch der Ruf entgegenschallen: Agabu! „Alles ganz anders bei uns!" Es gibt immer viele Gründe, weshalb man Veränderungen und Verbesserungen scheinbar nicht durchführen kann. Doch wenn man sich den anstehenden Aufgaben mit Liebe und Lust widmet, wachsen Disziplin, Qualität und Ausdauer, und plötzlich stellt man fest: Es geht doch. Dann entsteht nicht nur Begeisterung bei den Kunden und Gästen, sondern auch bei den Mitarbeitern und deren Chefs. Man muss den Funken nur zünden. Die Voraussetzungen dafür sind Achtsamkeit und gegenseitige Wertschätzung bei allen Beteiligten. Respekt vor anderen ist die Grundlage, um dienen zu können, ohne Diener zu sein. Dass Wertschätzung und Wertschöpfung sich nicht ausschließen, erfährt man bei Bernd Reutemann fast nebenbei.

Ich hoffe, dass die Leserinnen und Leser dieses Buch nicht nur unterhaltsam, sondern auch anregend finden. Es soll nicht nur Denkprozesse anstoßen, sondern durch Nachahmung konkreten Nutzen stiften. Und wenn ich dann in einigen Jahren durch Deutschland reise und die Leute zu mir sagen „Herr Tominaga, wir brauchen Sie nicht mehr, wir machen jetzt Service-Kamasutra", dann werde ich sehr zufrieden sein. Mehr kann ich nicht erwarten. Ich wünsche allen Leserinnen und Lesern, dass sie sowohl bei ihrer Arbeit, aber auch als Kunden und Gäste genau die Lebensfreude erfahren, die die Grundlage für ein gelungenes Leben ist.

Minoru Tominaga

Service-Kamasutra: Sex und Service finden im Kopf statt

Lesen Sie in diesem Kapitel ...

- warum Kundenbeziehungen nicht einfach sind;
- was das Belohnungssystem im Gehirn bewirkt;
- was das Geheimnis des Service-Kamasutra ist;
- was mit dem kontinuierlichen Verbesserungsprozess gemeint ist;
- warum nur zufriedene Mitarbeiter zufriedene Kunden haben;
- was der Unterschied zwischen intrinsischer und extrinsischer Motivation ist;
- wie man mit Fehlern umgehen sollte;
- wie Emotional Boosting funktioniert;
- welche Limbic® Types es gibt;
- welche Formen des Service es gibt;
- warum ethische Werte eine konkrete Handlungsanleitung sind.

Auch Kundenbeziehungen sind Liebesbeziehungen

Liebe Leserin, lieber Leser,

ich habe eine gute und eine schlechte Nachricht für Sie. Die schlechte Nachricht zuerst: Dies ist kein Buch über erotische Dienstleistungen.

Und nun die gute Nachricht: Wenn Sie spüren, dass bei Ihnen die Lust in der Beziehung zu Ihrem Kunden vorhanden ist, Sie jedoch die Leidenschaft nach mehr verspüren, dann werde ich Ihnen mit diesem Buch helfen, das Feuer wieder hell lodern zu lassen.

Wir wissen alle, dass die Beziehungen zwischen Menschen meist nicht einfach sind. Der Grund ist ziemlich simpel: Jeder Mensch hat andere Erfahrungen in seinem Leben gemacht, jeder hat andere Lehren daraus gezogen und deshalb hat auch jeder ein ganz individuelles Gedächtnis, das ihn, seine Entscheidungen, seine Erwartungen und Beurteilungen prägt. Der Kölner bringt es auf einen einfachen Nenner: Jeder Jeck ist anders. Wenn wir andere Menschen verstehen wollen, müssen wir uns also Mühe geben und versuchen, uns in die Gedankenwelt des anderen hineinzuversetzen.

Wenn wir Menschen verstehen wollen, müssen wir uns Mühe geben.

Wir wissen auch alle, dass Beziehungen verschiedene Phasen durchlaufen. Das gilt für Liebesbeziehungen ebenso wie für Kundenbeziehungen. Alles, was neu ist, löst zunächst Begeisterung aus. Man nähert sich an und lernt sich kennen. Dann erreicht die Beziehung ihren ersten Höhepunkt. Für eine Weile ist man sehr zufrieden mit dem, was man erreicht hat, und befindet sich auf dem Plateau des Wohlgefühls. Doch dann wird aus diesem Wohlgefühl Routine, die irgendwann in Langeweile umschlägt.

Wenn jetzt nichts Neues mehr kommt, geht es bergab. Man hält Ausschau nach neuen Beziehungen, die vielleicht nicht einmal besser sind, sondern nur anders. Was einen mit dem alten Partner verbindet, ist nicht mehr Begeisterung, sondern nur noch Konsistenz, das heißt man bleibt bei einer einmal getroffenen Entscheidung, und die Verbindung besteht nur noch aus Gewohnheit oder gar Bequemlichkeit.

Was für eine Liebesbeziehung gilt, gilt auch für alle anderen Formen der Beziehungen. Das hat der Autor des Kamasutra schon vor 1.800 Jahren erkannt und er hat deshalb Lösungen für dieses Problem beschrieben.

> **Begeisterung muss immer wieder neu entfacht werden.**

Auch wenn man weiß oder denkt, dass alles gut ist, reicht es auf Dauer nicht, eine Beziehung lediglich am Laufen zu halten. Es reicht nicht, nur gut zu funktionieren, um Begeisterung zu wecken. Es gibt keine Beziehung, die auf Dauer einfach nur aus sich selbst heraus funktioniert. Die Begeisterung muss immer wieder neu entfacht werden. Wie das geschehen kann, verrate ich Ihnen jetzt in diesem Buch.

Das Belohnungssystem versorgt uns mit guten Gefühlen

Wenn ich sage, Sex und Service finden im Kopf statt, dann heißt das, in beiden Fällen wird ein ganz bestimmtes System im Gehirn, nämlich das Belohnungssystem, aktiviert. Das Belohnungssystem ist eine recht komplexe Verbindung von verschiedenen Gehirnarealen, das uns mit einem guten Gefühl versorgt, wenn wir unsere Aufmerksamkeit auf die richtigen Dinge lenken, wenn wir das Richtige wollen, das Richtige tun und ein Ziel erreicht haben. Dieses gute Gefühl der Wärme und Zufriedenheit ist mit keinem anderen Gefühl vergleichbar, und deshalb werden wir, oder genauer gesagt unser Gehirn, alles daran setzen, es so oft wie möglich zu spüren.

> **Das Belohnungssystem im Gehirn gibt uns die besten Gefühle, die wir kennen.**

Schon die Vorhersage und Erwartung eines kommenden Ereignisses lässt das Belohnungssystem aktiv werden. Es spornt uns an, etwas zu tun, etwas zu lernen, Neues auszuprobieren und ein Risiko einzugehen. Wir kennen alle diese Vorfreude, und wir wissen auch, dass sie eigentlich nicht vernünftig zu begründen ist. Trotzdem geben wir uns der Vorfreude hin, zum Beispiel wenn wir einen Lottoschein ausfüllen, obgleich wir wissen, dass die Chancen, den Jackpot zu knacken, nur bei 1 zu 140 Millionen liegen.

Wir bekommen, was wir geben!

Das Belohnungssystem reagiert besonders stark auf positive Überraschungen und auf positive zwischenmenschliche Signale. Das Belohnungssystem mag Wertschätzung und Akzeptanz, aber auch soziale Stabilität, Geborgenheit, Gerechtigkeit und Fairness. Macht es in bestimmten Situationen diese Erfahrungen nicht, verstummt es. Dadurch entsteht im Gehirn Raum für destruktive Entscheidungen und Aktivitäten.

> **Das Belohnungssystem mag Wertschätzung und Akzeptanz, aber auch soziale Stabilität, Geborgenheit, Gerechtigkeit und Fairness.**

Werden wir missachtet, statt wertgeschätzt, werden wir ungerecht oder unfair behandelt, dann denken wir über Rache und Bestrafung nach, die die Balance zwischen uns und den anderen wiederherstellen. War die Bestrafung erfolgreich, wird uns das Belohnungssystem mit einem guten Gefühl versorgen. Dies alles haben die Neurowissenschaftler unter Zuhilfenahme bildgebender Verfahren, wie der funktionellen Magnetresonanztomografie, in Experimenten sehr genau erforscht. Das Ergebnis kann man in einem Satz zusammenfassen: Wir bekommen, was wir geben, das heißt, Wertschätzung wird mit Wertschätzung vergolten, Unfairness mit Strafe!

Lust und Begeisterung beruhen auf Gegenseitigkeit, Anerkennung und Selbstverwirklichung.

Das Geheimnis des Service-Kamasutra

Lust und Begeisterung beruhen also auf Gegenseitigkeit, Anerkennung und Selbstverwirklichung. Füreinander da sein zu wollen, zu können und zu dürfen, ist die Kernbotschaft des mehr als 1.800 Jahre alten Kamasutra, das weit mehr ist als nur ein Buch über die erotische Liebe. Dass es heute so aktuell ist wie zur Zeit seiner Entstehung liegt daran, dass sich die menschlichen Wünsche seither nicht verändert haben.

Service-Kamasutra führt Vernunft und rational-strukturiertes Handeln, wie es im Kaizen und im kontinuierlichen Verbesserungsprozess gelehrt wird, mit dem emotionalen Ansatz des Neuromarketings zusammen. Beides wird ergänzt durch die ethische Ebene der Werte und Lebenseinstellungen.

Mit jeder dieser drei Betrachtungsweisen der zwischenmenschlichen Beziehungen allein lassen sich bereits beachtliche Erfolge erzielen, aber nur mit allen gemeinsam wird man der menschlichen Komplexität gerecht. Das ist dann das, was ich Service-Kamasutra nenne, sozusagen die Champions League der Dienstleistung.

Im Folgenden werden Sie die drei Bausteine des Service-Kamasutra – Kaizen, Neuromarketing und Kamasutra – detaillierter kennenlernen.

Kunden, Kaizen, KVP: Das strukturorientierte Modell von Minoru Tominaga

Minoru Tominaga wurde in den 1990er-Jahren zum bekanntesten japanischen Unternehmensberater in Deutschland, als er die Kundenfeindlichkeit öffentlich anprangerte und den deutschen Unternehmen einfache, aber wirksame Erfolgsstrategien aufzeigte, um die Produktivität zu erhöhen, ohne Mitarbeiter entlassen zu müssen.

Seine Instrumente basieren auf dem Kaizen, der Veränderung zum Guten. In Deutschland wurde daraus KVP, der kontinuierliche Verbesserungsprozess. Es handelt sich dabei weniger um ein in sich geschlossenes Lehrgebäude als um eine Werkzeugsammlung von verschiedenen Methoden, die einerseits bei den Strukturen und Abläufen eines Unternehmens ansetzen und andererseits die Bedeutung von Dienstleistungen und die Rolle des Kunden deutlich machen.

> **Der kontinuierliche Verbesserungsprozess hat keinen Endpunkt.**

Vieles hat sich durch die Arbeit von Minoru Tominaga in deutschen Unternehmen inzwischen gebessert, aber noch längst nicht alles, denn der kontinuierliche Verbesserungsprozess wird nie einen Endpunkt erreichen, an dem nichts mehr besser zu machen ist. Besonders im Bereich der Dienstleistungen bestehen in vielen Unternehmen noch Mängel, die Minoru Tominaga bereits vor 20 Jahren angeprangert hat und die bis heute noch nicht beseitigt worden sind.

Nur zufriedene Mitarbeiter schaffen Kundenzufriedenheit

Oft wird Service immer noch als eine nachgeordnete Zusatzfunktion angesehen, die sich allein darauf beschränkt, nur das Notwendigste beziehungsweise nur das, was direkt nachgefragt wurde, zu tun und dem Kunden nur ein müdes „Es geht gerade so" abringt. Solange Servicemitarbeiter in einem Unternehmen nur als Erfüllungsgehilfen am unteren Ende der Hierarchie wahrgenommen werden und nicht etwa als zentrale Personen an der Schnittstelle zwischen Unternehmen und Kunde, werden sie ihre Arbeit nach wie vor nur lustlos verrichten.

Dass es eine Wechselwirkung zwischen der Zufriedenheit der Kunden und der Zufriedenheit der Mitarbeiter gibt und sich beide gegenseitig aufschaukeln können, haben wir bereits seit Langem erkannt. Tominaga hat einige wirksame Instrumente definiert, um die Mitarbeiterzufriedenheit zu verbessern:

So hat Tominaga das Definieren und Visualisieren von Zielen, Problemen und Lösungen propagiert. Wenn für jeden Mitarbeiter sichtbar ist, was man erreichen möchte, wie man es erreichen kann und wie man Probleme vermeidet, hat man schon einen großen Schritt in Richtung Qualitätssicherung getan. Auch die Teamarbeit und Kooperation spielten für ihn eine große Rolle.

Klassische deutsche Teams waren und sind meist Arbeitsgruppen, in denen jeder Beteiligte eine ganz bestimmte Funktion wahrnimmt und in denen der Stärkste den Ton angibt. Ganz anders ist es in japanischen Teams. Hier begreifen die Teammitglieder die gestellte Aufgabe als gemeinsames Projekt, bei dem jeder jedem hilft und für den anderen einspringt.

Das Ziel eines japanischen Teams besteht darin, dass auch der Schwächste seinen Beitrag zum gemeinsamen Ergebnis leisten kann. Die Mitarbeiter eines japanischen Teams setzen sich die Ziele selbst und sie organisieren auch ihre Arbeit selbst. Sie haben also eine intrinsische Motivation im Gegensatz zu der extrinsischen Motivation, bei der die Ziele von der Führungskraft vorgegeben werden. Die Belohnung holt sich der Mitarbeiter durch das Erreichen seines Ziels, wobei ihn der Chef durch Wertschätzung und Anerkennung unterstützen sollte.

KVP alleine reicht aber nicht, der eigentliche Durchbruch ist erst heute mit dem Service-Kamasutra gekommen, in dem sich unter anderem genau die beschriebenen Elemente des KVP wiederfinden.

Aus Fehlern muss man lernen

Ein anderes wichtiges Ziel des kontinuierlichen Verbesserungsprozesses ist es, Verschwendung zu vermeiden. Dabei kommt es darauf an, den Arbeitsplatz so zu organisieren, dass man sich auf das Wesentliche konzentriert, Wichtiges von Unwichtigem unterscheidet und

Überflüssiges bleiben lässt. Ganz wesentlich, um die Verschwendung einzudämmen, ist das Null-Fehler-Prinzip. Gerade hier sind die Deutschen oft zu tolerant. Wie heißt es so schön: Wer keine Fehler macht, arbeitet auch nicht.

Dass man bewusst Fehler zulässt, um daraus zu lernen, ist die falsche Sichtweise. Aus Fehlern muss man allerdings lernen, um sie nicht ein zweites Mal wieder zu machen. Das bedeutet jedoch nicht, dass man nichts Neues ausprobieren sollte und nur nach eingefahrenen Vorgehensweisen arbeitet. Der kontinuierliche Verbesserungsprozess fordert ganz bewusst Veränderungen, und vielen Menschen machen Veränderungen Angst, besonders wenn sie ihnen durch ihre Vorgesetzten vorgeschrieben werden.

> **Veränderungen sind wichtig, auch wenn sie manchmal Angst machen.**

Veränderungen können aber besonders im Servicebereich aus den Arbeitsabläufen selbst heraus entwickelt werden. Diese ablauf- und strukturorientierten Überlegungen von Minoru Tominaga bilden ein stabiles Gerüst für das Service-Kamasutra. Doch auch sie kann man noch durch andere Elemente verbessern.

Emotional Boosting: Das neuromarketing-orientierte Modell von Hans-Georg Häusel

Dr. Hans-Georg Häusel, Vorstand der Gruppe Nymphenburg Consult AG in München, hat mit der Einbeziehung der Emotionen das Modell der Kundenorientierung auf eine ganz neue Basis gestellt. Sein Grundsatz lautet: Nur Emotionen schaffen in unserer Gesellschaft und unserer Wirtschaft Wert und Werte.

Nur Emotionen schaffen in unserer Gesellschaft und unserer Wirtschaft Wert und Werte.

Es sind die emotionalen Systeme im Gehirn der Kunden, die letzten Endes die Entscheidungen treffen und die Bewertungen von Vor- und Nachteilen vornehmen. Ob wir etwas wollen oder nicht wollen, ob wir mit einer Lösung glücklich sind oder unglücklich, ist keine Entscheidung, die in Form eines Rechenprozesses rational vorgenommen wird, sondern hat immer eine emotionale Basis.

Das sogenannte Emotional Boosting ist eine Strategie, die darauf beruht, alle Aktivitäten eines Unternehmens aus der Sicht des emotionalen Kundengehirns zu betrachten und dementsprechend zu optimieren. Marken, Produkte oder Dienstleistungen müssen so gestaltet sein, dass sie Emotionen auslösen, weil sie sonst für das Gehirn wertlos sind. Dabei erfolgen nach Häusels Meinung rund 80 Prozent aller Entscheidungen unbewusst.

Das Gehirn achtet keineswegs nur darauf, ob denn hauptsächlich das große Ganze stimmt, sondern es baut sich aus vielen kleinen Details ein eigenes Bild von Produkten, Marken und Service-Dienstleistungen zusammen, die es nach seinen individuellen Bedürfnissen bewertet. Deshalb ist es so wichtig, seine Kunden möglichst genau zu kennen und sie mit einer Vielzahl von positiven Detailinformationen zu versorgen.

Kunden müssen individuell behandelt werden

Um seine Kunden, Gäste, Klienten, Patienten oder Geschäftspartner so individuell wie möglich behandeln zu können, sammelt man entweder Informationen über sie oder greift auf sogenannte Typologien zurück.

Ich weiß, dass das systematische Sammeln von Kundeninformationen im großen Stil, wie zum Beispiel das Erfassen vom Kaufverhalten mit Hilfe von Kundenkarten, aber auch der Einsatz von psychologisch und neurowissenschaftlich fundierten Typologien vonseiten der Verbraucherschützer und auch von vielen Konsumenten kritisch gesehen wird. Andererseits freuen sich viele Menschen, wenn man an ihren Geburtstag denkt, ein Hotel weiß, ob jemand Raucher oder Nichtraucher ist, oder in einem Restaurant bekannt ist, ob der Stammgast lieber vegetarisch isst und welchen Wein er bevorzugt.

> **Wir alle möchten so individuell wie möglich behandelt werden.**

Einerseits möchten wir alle mit unseren bestimmten Eigenschaften und Eigenheiten, unseren Vorlieben und Abneigungen erkannt werden und diese auch nach außen leben, andererseits fürchten wir uns davor, ein gläserner Kunde oder Gast zu werden, der nur noch ein Spielball von Manipulationen ist. Wie können wir uns aus diesem gedanklichen Dilemma befreien? Wahrscheinlich am einfachsten, indem wir einen Blick auf die Realität werfen.

Natürlich sind wir alle unter einem ganz bestimmten Blickwinkel „typisch". Da ist zunächst einmal die nationale Zugehörigkeit, wir sprechen von „typisch deutsch", „typisch englisch" oder „typisch japanisch". Wenn wir diese Nationalitäten genauer kennen, werden wir unsere Typologie verfeinern, ein Bayer, ein Sachse und ein Hamburger werden sich in ihrem Selbstverständnis kaum unter „typisch deutsch" zusammenfassen lassen. Es gibt natürlich noch viele andere Typologien. Die beliebtesten sind „typisch Mann" oder „typisch Frau", aber auch nach dem Alter unterscheiden wir in „typisch Jugendlicher" oder „typisch Rentner".

Die meisten Deutschen kennen ihr Tierkreiszeichen und erkennen sogar ganz bestimmte Eigenschaften, die sie mit anderen Menschen desselben Tierkreiszeichens verbinden. „Typisch Zwilling", „typisch Jungfrau" oder „typisch Waage". Dass all diese Typologien bei näherem Hinsehen nur ein grobes Raster darstellen, erkennen wir am ehesten dann, wenn wir uns selbst betrachten. Trotzdem helfen uns diese

Typologien, um gewisse Vorhersagen treffen zu können und uns auf unser Gegenüber einzustellen. Wir müssen allerdings bereit sein, im Einzelfall jede Person für sich zu sehen und uns im Rahmen des Service-Kamasutra auf sie einzustellen.

Im Zusammenhang mit dem Service besteht die Gefahr darin, dass wir versuchen, einen allgemeingültigen Servicestandard zu entwickeln, zum Beispiel für Beschwerdemanagement. In vielen Büchern wird beispielsweise empfohlen, sich mit dem Gast zusammenzusetzen, Notizen zu machen und am Ende gar zu fragen, was man tun könnte, damit er wieder glücklich ist. Wer dies bei dem Limbic® Type des Performers macht, der hat verloren. Lassen Sie uns die verschiedenen Limbic® Types genauer betrachten.

Die Limbic® Types

Eine ganz neue Bedeutung haben die gebräuchlichen psychologisch fundierten Typologien durch die Neurowissenschaften erhalten. Auf der Basis umfangreicher Forschungsarbeiten hat Dr. Häusel die Limbic® Map entworfen, die den Emotions- und Werteraum des Menschen fast wie eine Landkarte abbildet. Sie ist in drei Regionen gegliedert.

Zwischen den beiden Polen Stimulanz und Dominanz steht der Bereich Abenteuer und Thrill. Zwischen den Polen Stimulanz und Balance bildet sich der Bereich von Fantasie und Genuss und zwischen den Polen Balance und Dominanz liegt der Bereich von Kontrolle und Disziplin. In diesen drei Feldern Abenteuer, Fantasie und Disziplin finden sich auch die von den Emotionen bestimmten Werte des Menschen.

Insgesamt hat Dr. Häusel auf der Basis seiner Limbic® Map sieben verschiedene Limbic® Types definiert.

Harmonisierer
In Deutschland sind 31 Prozent der Menschen sogenannte Harmonisierer mit einer hohen Sozial- und Familienorientierung, geringer Aufstiegs- und Statusorientierung und dem Wunsch nach Geborgenheit.

Offene
13 Prozent sind Offene mit Offenheit für Neues, Wohlfühlen, Toleranz und sanften Genuss.

Hedonisten
12 Prozent sind Hedonisten mit der aktiven Suche nach Neuem, hohem Individualismus und großer Spontanität.

Abenteurer
Vier Prozent sind Abenteurer mit hoher Risikobereitschaft und geringer Impulskontrolle.

Performer
Sieben Prozent sind Performer mit hoher Leistungsorientierung, Ehrgeiz und hoher Statusorientierung.

Disziplinierte
Elf Prozent sind Disziplinierte mit hohem Pflichtbewusstsein, geringer Konsumlust und Detailverliebtheit.

Traditionalisten
Und 22 Prozent sind Traditionalisten mit geringer Zukunftsorientierung und dem Wunsch nach Ordnung und Sicherheit.

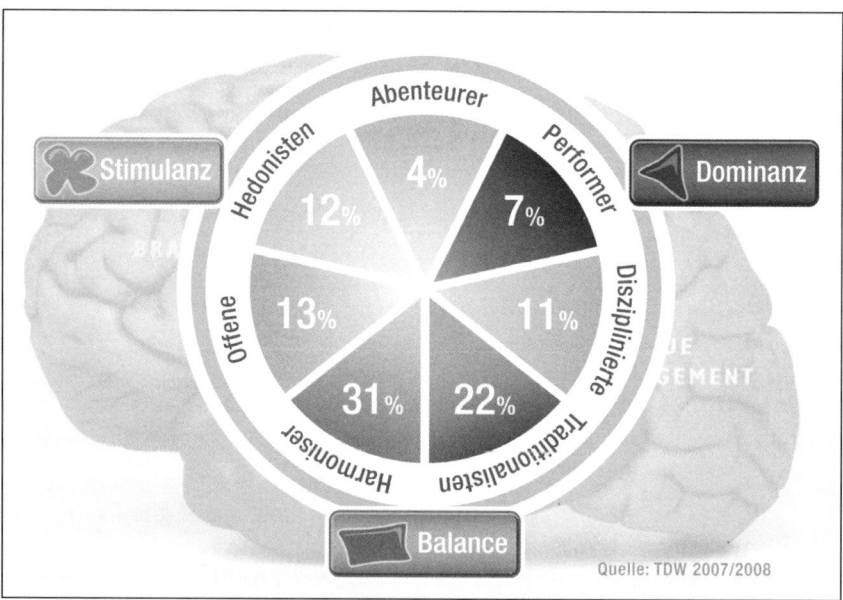

© Dr. Häusel; Gruppe Nymphenburg Consult AG

Die Möglichkeiten der emotionalen Kundenansprache

All diese Typen haben natürlich auch einen ganz unterschiedlichen Umgang mit Geld. Manche sind sorglos, andere wollen sich mit Krediten das Leben verschönern. Der nächste möchte schnell reich werden und etwas riskieren. Wieder andere wollen ihr Kapital strategisch ausbauen, ihr Geld effizient verwalten. Und wieder andere wünschen sich mehr Kontrolle oder auch Risikovermeidung und Vorsorge.

So ist es auch kein Wunder, dass Dr. Häusel von Finanzinstituten den Auftrag erhielt, die in Banken und Sparkassen übliche Unterteilung der Kunden nach Einkommen und Vermögen unter diesen neuen Gesichtspunkten zu untersuchen und Vorschläge zu unterbreiten, wie man diese verschiedenen Kundentypen besser erreichen kann.

Die Finanzinstitute begannen, ihre Kunden nicht mehr nach dem Vermögen, sondern nach der Zugehörigkeit zu bestimmten Limbic® Types zu sortieren und dieses neu gewonnene Wissen auch in die Kundendateien zu integrieren. Wenn ein Kunde an den Schalter kommt und der Bankberater die Kundendateien aufruft, erhält er auch gleichzeitig die Information, mit welchem Typ Mensch er es hier zu tun hat und wie er mit ihm umgehen muss.

Doch nicht nur das Interesse an bestimmten Formen der Geldanlage und an der Art und Weise, wie das Beratungsgespräch stattfinden soll, ist typbezogen, auch beim Small Talk unterscheiden sich die Typen ganz erheblich ebenso wie bei ihren Erwartungen hinsichtlich der Inszenierung des Beratungsraums. Dr. Häusel hat sich bis in die kleinsten Details vorgearbeitet.

Der Harmonisierer stört sich nicht an billigen Plastik-Werbekugelschreibern und Strohblumen im Beratungszimmer, sondern sieht sie als heimelige Signale, die bei ihm Vertrauen auslösen und die ehrfürchtige Haltung gegenüber der Bank senken.

Der Performer hingegen hält solche „Wohnzimmeratmosphäre" für minderwertig. Selbst die Kleidung des Beraters ist von großer Bedeutung. Ein Bankberater mit goldenen Manschettenknöpfen und einer erkennbar teuren Uhr wird für den ungezwungenen Hedonisten zum Antityp, während der sogenannte Performer in ihm einen verwandten Geistesbruder entdeckt.

Natürlich wurden die Mitarbeiter entsprechend geschult, wobei sie auch ihre eigene Einstellung und ihr eigenes Verhalten überdenken mussten. Inzwischen wird das Modell der Limbic® Types auch auf den Telefonverkauf, die Ausgestaltung von Events und für das Direktmarketing eingesetzt.

Dr. Häusel ging aber sogar noch einen Schritt weiter und zog auch die verschiedenen Lebensphasen, die ein Mensch durchläuft, in sein Modell mit ein. Inzwischen gibt es sogar Landkarten, die zeigen, wo in Deutschland welche Typen wie stark vertreten sind. Da auch Banken ein Markenimage haben, können gar nicht alle jeden Typ ansprechen.

Dies alles ging der Verbraucherzentrale Hamburg bei der Hamburger Sparkasse zu weit. Und so kam es Anfang November 2010 zu einem großen öffentlichen Aufschrei, weil die Sparkasse die psychologischen Profile ohne die Genehmigung der Kunden angelegt hatte. Allerdings werden solche Genehmigungen im Rahmen der geltenden Gesetze auch nicht verlangt. Ob dies einfach eine Überreaktion war oder ob die meisten Menschen in Zukunft doch lieber nach Schema F über einen Kamm geschoren werden wollen, wird sich zeigen. Wer allerdings einen persönlichen Service bevorzugt, der seinen individuellen Wünschen entspricht, wird wohl nicht darauf verzichten wollen, dass man weiß, wer er ist und was er wünscht.

Dienstleistung ist nicht gleich Dienstleistung

Im Bereich der Dienstleistungen hat Hans-Georg Häusel sechs unterschiedliche Serviceformen identifiziert, die für sich allein wirken können, aber erst in gebündelter Form ihre volle Kraft entfalten:

Da ist zunächst der „**Happy Service**". Man überrascht seine Kunden mit einem kleinen „Mehr". Das sind oft nette Kleinigkeiten, die wir nicht erwartet haben und die, weil sie unerwartet kommen, einfach nur Überraschung und Freude auslösen.

Der „**Easy Service**" macht das Leben für die Kunden leichter und einfacher. Man nimmt ihnen Tätigkeiten und Entscheidungen ab, um die sie sich dann nicht mehr zu kümmern brauchen oder die ihnen vielleicht sogar Sorgen gemacht hätten.

Beim „**Care Service**" kommt es darauf an, den anderen als Menschen wahrzunehmen und sich ganz persönlich, also von Mensch zu Mensch, um dessen Anliegen zu kümmern.

Beim „**Trust Service**" geht es darum, Vertrauen aufzubauen und immer wieder sicherzustellen, dass dieses Vertrauen gerechtfertigt ist. Dazu gehört nicht nur Zuverlässigkeit, sondern auch Ehrlichkeit, Transparenz und, falls wirklich einmal etwas schiefgegangen ist, Kulanz.

Mit dem „**Power Service**" sorgt man dafür, dass der Kunde seine Wünsche und Bedürfnisse schneller und effizienter erfüllt bekommt. Niemand will gern warten oder sich die Lösungen für Probleme mühsam selbst erarbeiten.

Mit dem „**VIP Service**" soll man dem Kunden nicht nur das Gefühl, sondern auch die Gewissheit geben, dass er der wichtigste ist. Wenn der Kunde auch nur die leiseste Vermutung hat, dass sein Ansprechpartner die Kunden in wichtig und unwichtig sortiert und er selbst eher zu den unwichtigen gehört, verliert jede Form von Leistung an Ernsthaftigkeit und Bedeutung.

Nur wenn alle diese sechs Serviceformen berücksichtigt werden und ineinandergreifen, erfüllt man die Voraussetzungen des Service-Kamasutra.

Das Kamasutra: Ethische Werte als konkrete Handlungsanleitung

Zunächst möchte ich mit einigen weitverbreiteten Irrtümern aufräumen. Das Kamasutra des Vatsyayana ist wohl einer der bekanntesten Titel der Weltliteratur. Gleichzeitig ist sein tatsächlicher Inhalt nahezu unbekannt. Das, was wir im Westen kennen, die Anleitung zur körperlichen Liebe, macht nur rund 20 Prozent des gesamten Textes aus. Der eigentliche Schwerpunkt über die sinnvolle Lebensführung und den richtigen Umgang mit anderen Menschen ist hingegen weitgehend unbekannt.

Viele vermuten, dass Vatsyayana ein sinnenfroher Mensch war, der alles ausprobierte, was ihm nur möglich erschien, und sich dabei fleißig Notizen machte. Auch das ist ein Irrtum. Wahrscheinlich war Vatsyayana ein junger Theologiestudent, der im Zölibat lebte und sich mit der Zusammenfassung der wichtigsten Erkenntnisse aus allen bedeutenden Büchern, die zu seiner Zeit in Indien verfügbar waren, seine akademische Reputation erarbeiten wollte. Und das ist ihm auch offensichtlich gelungen. Das Kamasutra war über viele Jahrhunderte hinweg in Indien ein Standardwerk über Lebensführung für die gebildeten Schichten.

Im Kern geht es einfach darum, die drei entscheidenden Elemente im Leben eines Menschen im Gleichgewicht zu halten, Dharma, Artha und Kama. Dharma steht für Tugend, Ordnung und positive Pflichten gegenüber anderen Menschen, Artha bezeichnet den materiellen Besitz und Kama das sinnliche Vergnügen. Dharma steht aber auch für den guten Willen, Artha für wirtschaftliche Vernunft und Kama für alles, was Spaß macht.

Halten Sie Ihr Leben im Gleichgewicht zwischen Dharma, Artha und Kama, also zwischen dem was richtig ist, nützlich ist und was Spaß macht.

Vatsyayana fordert nicht, dass wir als pietistische Moralapostel durchs Leben gehen sollen. Er warnt aber auch davor, dem Gelderwerb alles andere unterzuordnen oder das Vergnügen ohne Rücksicht auf Verluste zu suchen. Wenn wir in unserem Tun und Handeln das Gleichgewicht schaffen können zwischen dem, was richtig ist, dem was nützlich ist und dem, was uns Spaß macht, dann dürften wir nach seiner Ansicht ein gelungenes Leben führen. Dieses Gleichgewicht gilt aber nicht nur für unser Privatleben, sondern auch für Beruf und Geschäft. Das, was wir dort tun, sollte für jeden von uns genau diese Anforderungen erfüllen.

Wenn wir jetzt die Lehre des Kamasutra mit den geordneten Strukturen des Kaizen und der emotionalen Orientierung des Neuromarketings verbinden, haben wir das perfekte Service-Kamasutra. Und nicht nur wir, sondern auch unsere Kunden. Wir tun das Richtige, weil es Geld bringt und Spaß macht, und unser Kunde erhält das Richtige mit Mehrwert und hat ebenfalls Freude daran. Was wollen wir mehr – wir müssen es jetzt nur noch tun.

> **Wenn wir die Lehre des Kamasutra mit den geordneten Strukturen des Kaizen und der emotionalen Orientierung des Neuromarketings verbinden, haben wir das perfekte Service-Kamasutra.**

Liebe, Lust, Disziplin, Qualität und Ausdauer: So werden Sie mit Service-Kamasutra erfolgreich

Lesen Sie in diesem Kapitel ...

- was die Elemente des Service-Kamasutra sind;
- wie man Beziehungen gestaltet;
- wie Worte unser Denken und Handeln formen;
- wie Kommunikation funktioniert;
- weshalb persönliche Kontakte so wichtig sind;
- weshalb Liebe und Lust gelebt und erlebt werden müssen;
- weshalb man Hilfsbereitschaft nicht kaufen kann;
- weshalb die Überzeugung, das Richtige zu tun, so wichtig ist;
- welche Bedeutung Einfühlungsvermögen hat;
- wie die Wahrnehmung bestimmt wird;
- weshalb Erwartungen von großer Bedeutung sind;
- welche Rolle Disziplin und Qualität spielen;
- warum Ausdauer so wichtig ist.

Das ist Service-Kamasutra

Wenn ich in meinen Seminaren frage, welche Elemente wohl zum Service-Kamasutra gehören, erhalte ich meist sehr schnell zwei Antworten: Liebe und Lust. Dann folgt meist eine längere Bedenkzeit. Und zögernd sagt dann jemand: Fitness, Beweglichkeit, wobei alle lachen, und irgendjemand sagt dann auch noch Zeit. Das alles ist sicher richtig, doch es zeigt, dass unsere Vorstellungen vom Service-Kamasutra hauptsächlich von den mit dem Kamasutra verbundenen Illustrationen gesteuert werden.

Wenn ich verrate, was für mich die wesentlichen Elemente des Service-Kamasutra sind, ist es für die meisten Seminarteilnehmer eine Überraschung. Denn ich sage: Liebe, Lust, Disziplin, Qualität/Fähigkeit und Ausdauer.

Die wesentlichen Elemente des Service-Kamasutra sind Liebe, Lust, Disziplin, Qualität/Fähigkeit und Ausdauer.

Service heißt, eine Beziehung positiv zu gestalten

Service bedeutet für mich, eine Beziehung zu gestalten. Das hört sich einfach an. Es ist aber auch ziemlich abstrakt. Denn was ist eine Beziehung und was bedeutet gestalten?

Jede Beziehung hat eine Grundlage als verbindendes Element und eine dieser Grundlage entsprechende Form. Beides wird von den Beziehungspartnern gestaltet. Die dafür geltenden Regeln haben wir meist schon als Kind gelernt und setzen sie unbewusst ein. Meist klappt das auch ganz gut, nur eben leider nicht immer. Dann sind die Probleme vorprogrammiert.

Die häufigsten Beziehungen, die wir im Rahmen des Service-Kamasutra haben, sind Kundenbeziehungen, die Beziehungen zu Vorgesetzten, zu Mitarbeitern und die zu Kolleginnen und Kollegen. Jede folgt eigenen Regeln.

Wenn ein Gast mein Hotel betritt, dann ist die Grundlage unserer Beziehung zunächst einmal die, dass er bei mir übernachten möchte und am Morgen ein gutes Frühstück erwartet. Er kommt nicht in mein Hotel, um mit mir Freundschaft zu schließen, und erst recht nicht, um sich in eine Eltern-Kind-Beziehung zu begeben, etwa dadurch, dass ich ihm sage „Sie haben schmutzige Schuhe. Gehen Sie noch mal raus und putzen Sie die ab".

Wenn ich in Köln bin, besuche ich meist die Abteilung für Herren-bekleidung in einem der großen Kaufhäuser. Warum? Dort gibt es einen Verkäufer, der mich ganz hervorragend bedient und nach dem ich deshalb auch immer wieder verlange. Ich bin sein Kunde, das ist die Grundlage unserer Beziehung. Aber er hat es verstanden, sie so auszugestalten, dass sie für mich etwas Besonderes ist.

Er verkauft mir nicht einfach nur das, was ich haben möchte, indem er auf Größe und Preis achtet, sondern er berät mich auch. Das heißt, er kennt nicht nur sehr genau seine Produkte und ihre Eigenschaften, welche Hosen größer oder kleiner ausfallen, sondern er bemühte sich von Anfang an darum, mich zumindest insoweit besser kennenzu-lernen, dass er mir genau das anbieten kann, was ich wirklich haben möchte, selbst wenn ich mir selbst darüber noch gar nicht genau im Klaren bin. Dabei betrachtet er nicht nur seine Ware kritisch, sondern auch mich. „Das Jackett sitzt bei Ihnen nicht richtig. Ich würde Ihnen eher zu dem anderen raten". Oder „Dieses Jackett sieht aber in der Kombination mit der anderen Hose besser aus".

> **Mit Qualitätsbewusstsein und Fairness lassen sich Beziehungen erfolgreich gestalten.**

Der Verkäufer hat also zu der einfachen Grundlage unserer Beziehung, mir als Kunde etwas zu verkaufen, weitere Elemente hinzugefügt, nämlich Qualitätsbewusstsein und Fairness. Doch zurück zu meinem Hotelgast.

Auch hier fügen wir der Grundlage, komfortabel übernachten zu wol-len, noch einige Elemente hinzu, die ich später im Einzelnen erläutern werde. Allerdings vergessen wir dabei nie die Grundlage und die damit verbundene Form. Wir behandeln einen Gast also nicht so, dass er das

Gefühl hat, wir wollten mit ihm sofort Freundschaft schließen und eine Partnerschaft fürs Leben eingehen. Aber wir behandeln ihn mit Respekt und so wie er behandelt werden möchte, damit er selbst das Gefühl hat, dass aus der einmaligen Übernachtung oder aus dem einmaligen Restaurantbesuch ein wiederkehrendes Ereignis werden sollte, weil es ihm so gut gefällt.

Dumme Sprüche wirken negativ

So wie wir versuchen, Beziehungen stets positiv zu gestalten, gibt es in manchen Unternehmen aber auch die Situation, dass dort auf fast unbewusste Weise die Beziehungen negativ gestaltet werden. Das zeigt sich dann manchmal an Postern oder Computerausdrucken, die an Schränken oder Wänden befestigt sind.

Dort steht dann zum Beispiel „Jeder dritte Kunde wird erschossen. Zwei waren schon da" oder „Bei uns steht der Kunde im Mittelpunkt. Da stört er am meisten". Manchmal hängen da sogar Zettel, auf denen steht „Wenn ich meine Zeit mit Arbeit verbringen wollte, wäre ich heute gar nicht erst gekommen".

Manche Mitarbeiter und sogar manche Vorgesetzte glauben, dass solche Sprüche lustig sind und die Kollegen, die sie aufgehängt haben, nur Dampf ablassen wollen, weil sie sich frustriert und überfordert fühlen. Ich würde in meinem Unternehmen solche Sprüche an den Arbeitsplätzen nicht dulden, davon abgesehen, dass es sie bei uns ohnehin nicht gibt. Sie sind nämlich nicht nur Ausdruck einer negativen Haltung gegenüber der eigenen Tätigkeit, sondern sie bestimmen auch in ganz wesentlicher Weise das zukünftige Verhalten innerhalb des Unternehmens und gegenüber den Kunden.

Wir lassen uns nämlich alle oft schon durch die kleinsten und nur unbewusst wahrgenommenen Signale lenken und leiten. Positive Begriffe sorgen für eine positive Einstellung und negative eben für eine negative. Vielleicht sind solche Sprüche sogar der Ausdruck einer ganz bestimmten Unternehmenskultur, die vom Chef gepflegt und an seine Mitarbeiter weitergegeben wird. Der Fisch stinkt immer am Kopf zuerst.

> **Positive Worte sorgen für eine positive Einstellung und negative für eine negative.**

Ich kenne einige Führungskräfte, die glauben, so wichtig zu sein und sich nur mit den großen strategischen Entscheidungen beschäftigen zu müssen, dass sie selbst weder Zeit für ihre Kunden noch für ihre Mitarbeiter haben. Sie versuchen konsequent jede Form des persönlichen Kontakts zu vermeiden. Ein Vorstandsvorsitzender eines großen Chemiekonzerns ging so weit, dass er selbst von seinen engeren Mitarbeitern verlangte, dass sie alle Fragen in schriftlicher Form auf einem Blatt Papier im seinem Vorzimmer abgeben mussten und sie die Antwort darauf ebenfalls wieder in schriftlicher Form erhielten.

Jede Form der Kommunikation hat Inhalts- und Beziehungsaspekte

Horst Opaschowski, der Leiter des BAT-Freizeitinstituts, sagte einmal „Je mehr sich die neuen Informationstechnologien im Alltag ausbreiten, desto größer wird der Wunsch nach persönlichen Kontakten sein". Und tatsächlich ist es so, dass E-Mails im firmeninternen Intranet immer mehr die direkten persönlichen Kontakte ersetzen.

Die wichtigste Form der Beziehung bleibt aber die persönliche, von Angesicht zu Angesicht, weil sich bei ihr alle Elemente der Kommunikation wiederfinden, nämlich Sprache, Mimik, Körperhaltung und Bewegung.

Die wichtigste Form der Beziehung ist die persönliche.

Von vielen Menschen vollkommen unterschätzt wird die Kommunikation per Telefon. Mein Telefonpartner hört nämlich nicht nur den Inhalt meiner Worte, sondern auch, wie ich die Beziehung zu ihm verstehe. Das läuft natürlich unbewusst ab. Aber Sie können ganz sicher sein, dass mein Partner am Telefon genau „hört", wenn ich die Augen verdrehe oder irgendwelchen anderen Personen in meinem Raum komische Zeichen gebe.

Selbst in der schriftlichen Kommunikation per Brief oder E-Mail gibt es nicht nur Inhaltsaspekte, sondern auch Beziehungsaspekte. Denn jede Form von Kommunikation vermittelt nicht nur Inhalte, sondern auch Emotionen, die die Beziehung definieren. Es gibt in dem Sinne also keine einseitigen Beziehungen, denn man kann nicht nichtkommunizieren.

> **Jede Kommunikation hat einen Inhalts- und einen Beziehungsaspekt.**

Hier einige Beispiele für das vorher Gesagte:

Vielleicht kennen Sie den Fernsehwerbespot für das Bier Clausthaler Alkoholfrei, den ich Ihnen jetzt vorstellen möchte: Die Szene spielt in der gehobenen Gastronomie. Der Gast ist ein sehr attraktiver Mann, Anfang bis Mitte 40 und gut situiert, die junge Frau, die hinter dem Tresen bedient, ist Anfang bis Mitte 20, gepflegt und attraktiv. Sie reicht dem Gast ein gefülltes Bierglas „Ihr Alkoholfreies".

Der Gast trinkt ganz offensichtlich mit großem Genuss, stellt das Bier ab und blickt der Kellnerin fest in die Augen. „Das ist gut, aber kein Alkoholfreies. Bestimmt Ihr erster Tag. Kann ja mal vorkommen". Daraufhin beugt sich die Kellnerin hinter den Tresen, holt eine leere Flasche Clausthaler Alkoholfrei hervor, blickt den Gast ebenso fest an, wie er es bei ihr getan hat, und sagt dann „Ist bestimmt Ihr erstes Clausthaler. Kann ja mal vorkommen". Er verzieht keine Miene, sondern steckt diese Antwort souverän weg.

Was ist in diesem Beispiel passiert? Ein Gast bestellt etwas. Er erhält genau das, was er bestellt hat, und reklamiert es, weil er keine Ahnung hat. Aber er ist gönnerhaft, entschuldigt selbst den vermeintlichen Fehler. Was macht die Kellnerin? Sie geht nicht in eine Verteidigungsposition, sondern begibt sich auf Augenhöhe mit dem Gast, indem sie die gleichen Worte wählt wie er und seinen Irrtum ebenso entschuldigt, wie er ihren vermeintlichen Fehler entschuldigt hat. Nur ihre Miene verrät eine leichte Ironie, während das Gesicht des Gastes dann seine Gedanken wiedergibt, die ungefähr lauten müssten: „Eins zu null für sie, sie hat mehr Ahnung als ich, aber das ist o.k.".

Natürlich wünscht man sich als Gastronom und Hotelier, dass sowohl die Gäste als auch die Servicekräfte über genau diese Souveränität im Umgang miteinander verfügen. Die Kellnerin dient ihrem Gast, aber sie ist nicht seine Dienerin. Leider finden wir solche Situationen im echten Leben nur selten. Manchmal fehlt es den Mitarbeitern an Schlagfertigkeit, viel häufiger aber am nötigen fachlich und sachlich begründeten Selbstbewusstsein.

Es gibt aber auch einen ganz bestimmten Gästetyp, der nicht einfach nur bedient werden und genießen möchte, sondern dem es auch darum geht, um jeden Preis eine Hierarchie herzustellen, bei der er oben und alle anderen unten sind. Besonders oft kommt dies vor, wenn sich die Person im Kreis von Kollegen, Mitarbeitern oder auch Vorgesetzten befindet, denen sie unbedingt zeigen muss, dass sie sich „sowas" nicht bieten lässt. Aber auch damit muss jemand, der Service leistet, lernen umzugehen.

Hier noch ein ganz anderes Beispiel. Als ich mit meiner Familie in den Urlaub geflogen bin, erhielt ich von meinem Reisebüro kurz vorher noch folgenden Brief:

Liebe Familie Reutemann,

ich wünsche Ihnen eine wunderschöne und erholsame Urlaubsreise nach Thailand mit viel Sonne und leckerem Essen. Zur Sicherheit gebe ich Ihnen noch unsere Kontaktdaten, falls Sie im Urlaub unsere Hilfe benötigen.

Mit sonnigen Grüßen – Ihre Simone Schulz.

Dann kommt ein Foto, auf dem uns Simone Schulz so freundlich zulächelt, wie ich es von ihr aus dem Reisebüro gewohnt bin. Anschließend noch ein PS:

Sie brauchen die Zeitverschiebung nicht zu beachten. Wir sind 24 h zu erreichen. Während der Nachtzeit meldet sich unser Callcenter, welches uns umgehend benachrichtigt.

So etwas nenne ich ein Rundum-Sorglos-Paket. Viele Serviceleistende hätten vielleicht schon darauf verzichtet, uns überhaupt die Kontaktdaten zu geben, aus Sorge, dass wir davon Gebrauch machen. Und nur ganz wenige hätten die Zeitverschiebung berücksichtigt. Aber wer hätte uns 24 Stunden Erreichbarkeit versprochen? Für die meisten ist es schon ein Kraftakt, mir mitzuteilen, dass die Mitarbeiter während der Öffnungszeiten von 9 bis 18 Uhr erreichbar sind.

Nun noch ein kurzer Auszug aus dem Schreiben eines Rechtsanwalts:

... Der Unterzeichner weist nochmals darauf hin, dass eine kurzfristige Regulierung durch unsere Kanzlei aufgrund fehlender Ressourcen nicht realisierbar ist.

Hochachtungsvoll

(nach Diktat vereist)

Ja, Sie lesen richtig, vereist und nicht verreist mit zwei r. Noch frostiger kann man seine Leistungsunfähigkeit wirklich nicht kommunizieren. Vielleicht ist derjenige tatsächlich überlastet, aber dann hätte er den Fall nicht annehmen sollen. Noch besser wäre es allerdings, sich darüber Gedanken zu machen, wie man die fehlenden Ressourcen für die Bearbeitung seiner Mandantenwünsche beschaffen kann. Was meinen Sie, werde ich diesen Anwalt weiterempfehlen oder vielleicht doch eher das Reisebüro?

Liebe und Lust müssen gelebt werden

Die wichtigste Grundregel des Service-Kamasutra lautet, dass Liebe und Lust in einem Unternehmen sowohl von den Führungskräften als auch von den einzelnen Mitarbeitern gelebt werden müssen. Liebe zu den Kunden und Lust auf den nächsten Kunden. Liebe zu der Aufgabe, die man sich selbst gestellt hat oder die man gestellt bekommen hat, und Lust auf genau die Tätigkeiten, mit denen man diese Aufgabe erfüllt. Aber warum wird das Liebe-und-Lust-Prinzip in der Praxis so selten angewendet?

Viele Menschen haben eine Abneigung gegen Fremde und gar nicht so wenige haben sogar Angst vor ihnen. Das werden sie natürlich nicht zugeben, denn es passt weder zu dem eigenen Bild, das sie von sich haben, noch würden sie dann den Job bekommen, den sie brauchen, um ihren Lebensunterhalt für sich und ihre Familie zu verdienen. Es gibt verschiedene Wurzeln für diese Distanz zu Fremden. Häufig liegen diese zwar in der frühen Kindheit, doch sie wirken ein ganzes Leben lang nach.

Die meisten Menschen machen eine bestimmte Ausbildung oder ein Studium, weil sie sich an ihrem Freundeskreis oder den Ratschlägen aus ihrer Familie orientieren und oft auch nur, weil sie keine andere Alternative sehen.

Sie können gut rechnen und mit Zahlen umgehen, deshalb werden sie Bankkauffrau oder Bankkaufmann, und plötzlich stehen sie am Kundentresen und müssen wildfremden Menschen Finanzprodukte verkaufen nach Regeln und mit Argumenten, die sie sich selbst nie ausgedacht haben. Andere interessieren sich für Technik und Autos und statt in der Werkstatt herumzutüfteln und Probleme zu lösen, müssen sie plötzlich im Kundendienst Aufträge hereinholen oder Kosten erklären.

Viele Menschen befinden sich in einer beruflichen Situation, in der sie nicht das tun können, was sie gern wollten. Mädchen, die sich für Mode interessieren, werden Verkäuferinnen, Grafiker werden zu Kontaktern in Werbeagenturen, und es gibt auch gar nicht wenig Ärzte, die nie etwas mit Patienten zu tun haben, sondern sich eigentlich nur im Labor der Wissenschaft und Forschung widmen wollten.

Vermeidungs- und Abwehrstrategien statt Liebe und Lust

Wenn Menschen dazu gedrängt werden, sich ständig mit anderen Menschen zu beschäftigen, obgleich sie dies gar nicht möchten, werden sie Vermeidungs- und Abwehrstrategien entwickeln. Sie werden Sachzwänge erfinden, warum etwas nicht geht, und Regeln, die die Beziehung zu den Kunden auf vorgegebene Bahnen lenken. Wie vorteilhaft ist es da zum Beispiel, feste Büro- oder Öffnungszeiten zu haben.

Ich erinnere mich noch, als ich an einem sehr kalten Wintermorgen vor den Türen eines Kaufhauses stand, das erst in fünf Minuten öffnete. Ich stand im Schneetreiben und auf der anderen Seite im warmen Kaufhaus stand ein Mitarbeiter im kurzärmeligen Hemd. Ich bedeutete ihm, mir doch schon die Tür zu öffnen. Er schüttelte den Kopf, tippte mit dem Zeigefinger seiner rechten Hand auf seine Armbanduhr und blieb ungerührt stehen, bis die fünf Minuten zur offiziellen Öffnungszeit verstrichen waren.

Ein anderes Mal stand ich wenige Minuten vor Ladenschluss vor einem kleinen Uhrenladen und betrachtete mit großem Interesse die Auslage. Dies sah der Eigentümer. Schlagartig löschte er das Licht im Laden und schloss dann blitzschnell im Dunkeln die Ladentür ab. Da die Straßenbeleuchtung hell genug war, konnte ich sehen, wie er sich hinter seinen Tresen zurückzog und mich beobachtete. Als ich dann ging, weil ich merkte, dass man mir hier nichts verkaufen wollte, drehte ich mich nach 20 Metern noch einmal um. Genau in diesem Moment ging das Licht im Laden wieder an. Die Lust und Liebe dieses Uhrmachers galt also nur seinen Uhren, von denen er sich wohl nur widerwillig trennen wollte, aber nicht seinen Kunden.

Ganz offensichtlich sind viele Menschen überhaupt nicht darauf gespannt, was das nächste Gespräch mit einem Kunden ihnen bringen würde. Im Gegenteil, sie betrachten Kunden als Eindringlinge, als eine anonyme Masse, die nach Schema F abgefertigt werden muss, und nicht als Individuen. Liebe und Lust funktionieren aber nur, wenn man stets den Einzelnen sieht und nicht nur eine gesichtslose Menge.

Hilfsbereite Menschen wollen kein Geld

Liebe und Lust beruhen auf innerem Antrieb, der Überzeugung, das Richtige zu tun, und auf Einfühlungsvermögen. Wie kommt nun dieser innere Antrieb zustande? Die Neuroökonomen haben festgestellt, dass das Verhalten der Menschen von zwei einander entgegengesetzten Prinzipien gesteuert wird. Man kann sie Altruismus und Egoismus nennen oder auch als das soziale und das ökonomisch-egoistische Prinzip bezeichnen. Im Alltag erkennen wir diese beiden Prinzipien einerseits in den unterschiedlichen Formen der Hilfsbereitschaft und andererseits im kühl berechnenden Nützlichkeitsdenken.

Nun ist es allerdings nicht so, dass wir die Menschen in zwei Gruppen unterteilen können, in die Altruisten und die Egoisten, sondern beide Prinzipien sind in jedem Menschen gleichzeitig vorhanden. Im Gehirn sind es komplizierte Regelkreise, die, bezogen auf eine ganz bestimmte Situation, dazu führen, ob ein Mensch sich nun hilfsbereit oder selbstsüchtig verhält.

> **Ob wir uns sozial oder ökonomisch verhalten, entscheiden wir unbewusst.**

Wie Experimente gezeigt haben, wird in einer bestimmten Situation immer ein Prinzip die Oberhand gewinnen, und wenn das der Fall ist, ist es für den jeweiligen Menschen nahezu unmöglich oder zumindest sehr schwer, auf das andere Prinzip umzuschwenken. Hier einige Beispiele, die die Funktionsweise dieser beiden Prinzipien erläutern:

In den USA wurde eine Reihe von Anwälten gefragt, ob sie bereit wären, bedürftige Menschen zu beraten und ihre Anliegen zu vertreten, wenn sie dafür nur einen Bruchteil ihres üblichen Honorars erhalten würden. Die überwiegende Mehrzahl der Anwälte lehnte dieses Ansinnen kategorisch ab. Sie hätten die finanzielle Situation dieser Klienten nicht zu verantworten und ihre Zeit hätte nun einmal auch ihren Preis.

Dann fragte man die Anwälte, ob sie bereit wären, bedürftige Menschen kostenlos zu beraten und zu vertreten. Nun signalisierte die Mehrzahl der Anwälte ihre Bereitschaft. Wie lässt sich dieses Ergebnis nun erklären? Im ersten Fall dominierte bei den Anwälten das ökonomische Prinzip. Gleiche Arbeit bei weniger Geld war für sie nicht akzeptabel. Im zweiten Fall ging es um das Thema Hilfsbereitschaft. Arbeit ohne Geld, nur aus Mitmenschlichkeit und Nächstenliebe, das passte durchaus zum Selbstbild der Anwälte. Denn eigentlich verdienten sie ohnehin genug und konnten sich diese Form von Hilfsbereitschaft durchaus leisten.

Es gibt auch noch viel einfachere Experimente, die die Wirkungsweise der beiden Prinzipien verdeutlichen. Ein junger Mann stand mit einem Lieferwagen auf der Straße und versuchte, ein Möbelstück zu tragen, das ganz offensichtlich zu schwer und zu unhandlich für ihn war. Also sprach er Passanten an und bat sie, ihm zu helfen, das Möbelstück in die erste Etage eines Hauses zu tragen. Die meisten erklärten sich spontan dazu bereit. Kein Problem, kurz mit anzufassen.

Als der Passant und der junge Mann wieder auf der Straße waren, griff der junge Mann in die Tasche und zog einen Schokoriegel heraus „hier, ein kleines Dankeschön für Ihre Hilfsbereitschaft". Die meisten Passanten lächelten und nahmen den Schokoriegel an. Wenn der junge Mann allerdings in die Tasche griff und ein 50 Cent Stück herausholte und es mit denselben Worte überreichte, lehnten die hilfsbereiten Passanten das sofort ab und gingen schnell weiter. Die 50 Cent entsprachen genau dem Preis des Schokoriegels, trotzdem entstand hier offensichtlich eine ganz andere Situation. Der Schokoriegel war ein Symbol der Dankbarkeit, die 50 Cent wurden jedoch als Lohn gesehen, mit dem eine Dienstleistung abgegolten werden sollte.

Dieses Experiment zur Hilfsbereitschaft wurde auch noch in einigen anderen Varianten erprobt. So sprach der junge Mann jetzt Passanten an, ob sie ihm helfen könnten, und bot sofort eine Geldsumme an, die er dafür zu zahlen bereit wäre. Egal, ob er einen Euro oder fünf Euro bot, die Passanten lehnten ab. Das Geldangebot verwandelte ihre potenzielle Hilfsbereitschaft in eine Handlung nach ökonomischen Regeln, denen sie nicht folgen wollten.

In einer weiteren Variante war es so, dass der junge Mann, nachdem das erste Möbelstück transportiert worden war, den betreffenden Passanten fragte, ob er vielleicht auch noch bei einem zweiten mit anfassen könne. Auch hierzu war die Mehrzahl bereit. Diese Bereitschaft wurde allerdings umgehend dadurch zunichte gemacht, wenn er die Frage mit der Aussicht auf eine Belohnung verknüpfte. Würden Sie mir auch noch den zweiten Schrank mit hinauftragen, Sie bekommen von mir auch einen Schokoriegel oder Sie bekommen von mir auch einen, zwei oder drei Euro? Was lernen wir daraus? Hilfsbereite Menschen wollen kein Geld.

Was bedeutet das im Zusammenhang mit dem Service-Kamasutra? Viele Arbeitgeber zerstören die innere Bereitschaft ihrer Mitarbeiter, ihre Arbeit mit Lust und Liebe zu machen, ganz unbewusst dadurch, dass sie jeden Handschlag in eine geldwerte Leistung umwandeln. Wenn Sie besonders nett zu den Kunden sind, bekommen Sie fünf Prozent mehr Gehalt. Dieses Angebot werden die meisten Mitarbeiter sicherlich gern annehmen. Nur was ist die Folge?

Jedes Mal, wenn sie freundlich sind, denken die Mitarbeiter daran, dass sie ja nicht etwa deshalb freundlich sind, weil es ihnen ihre innere Hilfsbereitschaft gebietet oder weil der Kunde es verdient, sondern sie denken nur daran, dass sie es tun, weil sie dadurch etwas mehr Gehalt bekommen. Und irgendwann kommen sie zu dem Schluss, dass der Kunde gar nicht so viel Aufmerksamkeit verdient, weil sie ja eigentlich auch gar nicht genug daran verdienen. Zwischen ihnen und dem Kunden steht auf einmal das ökonomische Prinzip.

Das Gleiche ist auch der Fall, wenn ein Kundenberater zum Beispiel in einer Bank Prämien für abgeschlossene Verträge erhält. Er wird den Kunden nicht mehr nach bestem Wissen und Gewissen beraten, sondern nur noch unter dem Gesichtspunkt, ob er jetzt eine Prämie bekommt oder nicht. Das mag vielleicht sogar im kurzfristigen Interesse seines Arbeitgebers liegen, langfristig werden sich die Kunden aber nicht gut behandelt fühlen und ihre Geschäfte dann irgendwo anders tätigen.

Die Überzeugung, das Richtige zu tun, ist Voraussetzung für Liebe und Lust

Auch die Überzeugung, das Richtige zu tun, wird durch das Spannungsfeld zwischen Altruismus und Egoismus bestimmt. Das ohnehin labile Wertesystem wird durch den Faktor Geld meist gänzlich aus dem Gleichgewicht gebracht. Die Frage „Was bedeutet mir der Kunde?" bekommt durch Geld eine andere Dimension. Ist er nur eine Cashcow oder ist er ein Mensch, dem ich helfe, dem ich Freude bereite und Geborgenheit gebe, dem ich helfe, seinen Stresspegel zu mindern, und dem ich eine Überraschung bereite? Wenn in den Augen der Mitarbeiter nur noch die Euro-Zeichen glitzern, werden sie nicht zu einer Form des Service-Kamasutra kommen, die sie erfolgreich macht.

Wir brauchen Einfühlungsvermögen

Die dritte Komponente von gelebter Liebe und Lust ist das Einfühlungsvermögen. Hierbei handelt es sich um eine sehr komplexe Fähigkeit, die zu einem großen Teil auf „Spiegelneuronen" zurückzuführen ist, die sich in verschiedenen Bereichen des Gehirns befinden. Die Neuronen sind in der Lage, eingehende Informationen, auch wenn sie nur unbewusst wahrgenommen werden, mit einem Sinn zu versehen.

Das Einfühlungsvermögen ist die Fähigkeit, nicht nur auf gegenwärtige Situationen zu reagieren, sondern auch Vorhersagen über nachfolgende zukünftige Ereignisse zu machen. Es bezieht seine Informationen aus Handlungen und Gesten, aus der Mimik und aus den emotionalen Komponenten der Sprache.

> **Einfühlungsvermögen ist die Fähigkeit, nicht nur auf gegenwärtige Situationen zu reagieren, sondern auch Vorhersagen über zukünftige Ereignisse zu treffen.**

Mithilfe des Einfühlungsvermögens haben wir die Fähigkeit, zu erkennen, was andere denken, welche Wünsche sie haben, welche Erwartungen und welche Absichten. Die Spiegelneuronen ermöglichen es uns, Handlungen oder auch nur Handlungsvorbereitungen einen Sinn zu geben. Wir können mitfühlen, wenn andere Schmerzen haben, aber auch, wenn sie Freude oder Trauer erleben. Und wir können ebenfalls erkennen, wenn andere einen Fehler machen.

Das Einfühlungsvermögen lässt sich trainieren

Einfühlungsvermögen lässt sich im Gegensatz zum inneren Antrieb und der Fähigkeit, das Richtige zu tun, sogar trainieren. Das liegt daran, dass das Einfühlungsvermögen nicht nur in unserem genetischen Programm gespeichert ist, sondern dass wir es auch regelrecht erlernen. Und dieser Lernprozess dauert lebenslang. Während es im Bereich der Mimik durchaus universelle Regeln gibt, stehen Gesten und Sprache in einem engen Zusammenhang zur jeweiligen Kultur.

Wie funktioniert nun Einfühlungsvermögen in der Praxis?

Einfühlungsvermögen durch NLP?

Um sein Einfühlungsvermögen zu trainieren und zu verbessern, gibt es verschiedene Ansätze. Einer davon ist die Neurolinguistische Programmierung (NLP). NLP hat seine Wurzeln in den Techniken der Kurzpsychotherapie und wird heute oft in sehr populärer Weise mit dem Ziel gelehrt, das Verhalten anderer Menschen zu deuten, um sie manipulieren zu können. NLP findet man häufig im Bereich der Führungs-, Verkaufs- und Verhandlungstechniken.

Die Methoden der Neurolinguistischen Programmierung laufen bei demjenigen, der sie anwendet, weitgehend rational ab. Er beobachtet sein Gegenüber, in welche Richtung die Blicke gehen, wenn etwas gesagt wird, und wie die Körperhaltung ist. Entsprechend stellt er sein eigenes Verhalten ein und benutzt Begriffe und Aussagen, von denen er annimmt, dass sie den Kommunikationspartner in eine bestimmte Richtung lenken.

Dadurch, dass stets das Bewusstsein dazwischengeschaltet ist, lässt sich NLP gut erklären und auch gut lehren. Ob es aber auch tatsächlich das situative Verhalten der Menschen ändert und außerhalb von therapeutischen Sitzungen eine messbare Wirkung entfaltet, erscheint vielen Fachleuten zumindest zweifelhaft, besonders, weil es innerhalb der NLP-Bewegung inzwischen sehr unterschiedliche Ausprägungen und Richtungen gibt.

Körpersprache und Mimik verraten Gedanken und Gefühle

Vielleicht haben Sie ja im Fernsehsender VOX die Krimiserie „Lie to me" gesehen. Es geht immer darum, dass Wissenschaftler als Experten für Körpersprache versuchen, die Wahrheit herauszufinden, indem sie

Menschen beobachten und deren unbewusste Signale im Gesichtsausdruck, in der Körperhaltung oder in der Stimme erkennen und interpretieren.

Inspiriert wurde diese Serie durch den amerikanischen Psychologen Paul Ekman, der jahrzehntelang den Zusammenhang zwischen Emotionen und deren Ausdruck in der Mimik erforscht hat. Seine Erkenntnisse werden nicht nur in der Terrorismus- und Kriminalitätsbekämpfung eingesetzt, sondern bilden auch die wissenschaftliche Grundlage dieser Serie.

Alle Menschen drücken das, was sie fühlen, mit dem gleichen Mienenspiel aus. Es mag zwar kulturelle Unterschiede geben, welche Mimik wann und wem gegenüber erlaubt ist, doch die Ausdrücke für Ärger, Trauer, Angst, Freude, Hass, Erregung, Wut, Verachtung und Eifersucht sind, wenn sie gezeigt werden, immer gleich. Es ist ganz normal, dass soziale Wesen Gefühle zeigen, denn sie ermöglichen innerhalb einer Gruppe eine schnellere und direktere Kommunikation, als es über Worte möglich wäre. Wenn man unmittelbar sieht, was der andere fühlt, kann man direkt darauf reagieren, ohne lange nachzudenken.

Das war in und zwischen den kleinen Gruppen der Urmenschen sicherlich ein großer Vorteil. Aber die Welt ist inzwischen komplexer und viel komplizierter geworden, allein dadurch, dass wir tagtäglich einer Vielzahl fremder Menschen begegnen, mit denen wir weder unsere Gefühle noch unsere Absichten teilen wollen. Die Menschen haben deshalb gelernt, ihre Gefühle zu beherrschen, sie zu verschleiern oder sogar falsche Gefühle zu zeigen.

Wenn man Sie bei einer Begrüßung fragt, „Wie geht es Ihnen?", werden Sie weder Ihre Krankheiten aufzählen noch Ihre Familiengeschichte ausbreiten, sondern lächeln und sagen „Danke, gut, und wie geht es Ihnen?". Wenn Sie kurz vor dem Lächeln Ihr Gesicht für Bruchteile einer Sekunde schmerzlich verziehen, weil es Ihnen längst nicht so gut geht, wie Sie behaupten, wird das Ihr Gegenüber wahrscheinlich überhaupt nicht bemerken, es sei denn, er ist auf die Wahrnehmung solcher Mikrosignale speziell trainiert.

Ich bin aber der Meinung, dass man für den Alltagsgebrauch, wenn es also nicht darum geht, Verbrecher oder Terroristen zu entlarven beziehungsweise Verhandlungen zu führen, bei denen es um Millionenbeträge geht, keine intensive wissenschaftliche Ausbildung braucht, um sich auf den anderen einzulassen. Unser Gehirn ist nämlich durchaus in der Lage, bestimmte Mikrosignale bei anderen Menschen unbewusst zu erkennen und mithilfe der Spiegelneuronen in eigene Gefühle zu übersetzen.

Wir können dann zwar nicht rational erklären, warum wir den Eindruck haben, dass der andere vielleicht traurig oder verärgert ist, aber wir wissen, dass dies mit großer Wahrscheinlichkeit zutrifft.

Achtsamkeit statt Gedankenlosigkeit

Dieses Einfühlungsvermögen oder diese Empathie können wir durch Achtsamkeit durchaus schulen. Achtsamkeit bedeutet für mich, dass ich mich ganz auf mein Gegenüber konzentriere und mit meinen Gedanken nicht „ganz woanders" bin. Achtsamkeit bedeutet für mich auch immer, dass ich herauszufinden versuche, wie ich mich in der Situation des anderen fühlen würde.

Was möchte der Gast, wenn er nach einer langen Autofahrt endlich im Hotel ankommt? Möchte er eine Erfrischung oder erst einmal zur Toilette? Bei uns im Hotel liegen die Gästetoiletten ganz in der Nähe zur Tiefgaragentür. Der Gast muss weder fragen noch sich an der Rezeption entschuldigen, wenn er ein dringendes Bedürfnis hat.

Vielleicht kennen Sie ja den Sketch des Comedians Mario Barth, der auf der Fahrt zu seinem Hotel jeden Rastplatz ausgelassen hat und mit der Schilderung seiner quälenden Gefühle das Publikum zum Lachen bringt. Es mag sein, dass er die geschilderten Hürden seines Toilettengangs tatsächlich erlebt hat. Bei uns wäre ihm das jedenfalls nicht passiert.

Die häufigsten Fehler bei der Umsetzung des Prinzips der Liebe und Lust entstehen durch Gedankenlosigkeit und falsche Annahmen. Ein Beispiel aus der Praxis: Bei einem großen Supermarkt hat man die Zahl der Parkplätze verdoppelt und eine neue Zufahrt gebaut, die die Anbindung an die Hauptverkehrsstraße verbessert. Die zugrunde liegende Überlegung war die, dass mehr Parkplätze auch mehr Kunden bedeuten und eine neue Zufahrt eine bessere Erreichbarkeit.

Die häufigsten Fehler bei der Umsetzung des Prinzips der Liebe und Lust entstehen durch Gedankenlosigkeit und falsche Annahmen.

Das alles ist sicher auch ganz richtig. Worüber man allerdings nicht nachgedacht hat, ist die Platzierung der kleinen Häuschen, in denen die Einkaufswagen stehen. Sie befinden sich alle in der direkten Nähe zum Eingang. Wenn ich also einen der hinteren Parkplätze gewählt habe, komme ich zwar sehr bequem auf dem Weg zum Eingang des Supermarktes an einen Einkaufswagen. Wenn ich aber nach dem Einkauf mein Auto beladen habe, muss ich einen weiten Weg zurücklegen, um den Einkaufswagen wieder loszuwerden und mein Pfand von einem Euro zurückzuerhalten.

Hier war offensichtlich Gedankenlosigkeit im Spiel. Es macht mir nichts aus, den Einkaufswagen vor dem Einkauf eine längere Strecke zu schieben, aber es ärgert mich sehr wohl, wenn ich nach dem Einkauf noch einmal über den gesamten Parkplatz hin- und zurückspazieren muss.

Kfz-Zulassung oder Zumutung?

Oft genug sind es auch sogenannte Sachzwänge, hinter denen sich in Wirklichkeit nichts anderes als Gedankenlosigkeit verbirgt. So muss man sich in vielen Städten immer noch fragen, ob es sich bei der Kfz-Zulassung nicht eher um eine Zumutung handelt.

Der Anmeldeprozess ist fein säuberlich zergliedert. Man stellt sich an einem Schalter an, um die Daten erfassen zu lassen. Dann bekommt man eine Gebührenrechnung, mit der man zur Amtskasse geht, wo man sich ebenfalls wieder anstellen muss. Dann geht man zurück zu einem anderen Schalter, wo man die Quittung vorlegt und nun das Kennzeichen seines Autos auf einem Zettel ausgehändigt bekommt.

Mit diesem Zettel verlässt man das Gebäude und sucht einen Schilderhersteller auf, von denen es im Umkreis jeder Zulassungsstelle mindestens einen gibt. Dort lässt man die Schilder prägen. Mit diesen Schildern geht man dann zurück zur Zulassungsstelle, wo sie gegen eine nochmalige Gebühr gestempelt werden. Dann darf man sie am Auto anbringen. In manchen Städten muss selbst das von einem Amtsmitarbeiter gemacht werden.

Für das ganze Verfahren kann man je nach Wochentag und Andrang mehrere Stunden einkalkulieren. Doch natürlich geht es auch anders. In manchen Städten ist es so, dass man sich per Internet sein Wunschkennzeichen reserviert und alle notwendigen Daten vorab übermittelt. Kommt man dann in die Zulassungsstelle, ist bereits alles vorbereitet und die notwendigen Unterlagen werden nur noch auf Vollständigkeit und Richtigkeit überprüft. Man holt sich sein Kennzeichen, zahlt die entsprechenden Gebühren an einem Automaten und geht nur noch einmal an den Schalter, wo der Rest erledigt wird.

Was mir auffällt ist, dass die Mitarbeiter in der Zulassungsstelle, die die Abläufe optimiert hat, deutlich fröhlicher, gelassener und freundlicher sind als in der, die ihre Kunden über den Hindernisparcours schickt. Offensichtlich lassen sich durch Einfühlungsvermögen Vorschriften und Abläufe auch im öffentlichen Dienst durchaus verbessern.

Liebe und Lust müssen erlebt werden

Unsere Kunden müssen tatsächlich erleben, dass wir uns für unsere Arbeit begeistern und uns ihnen mit Lust und Liebe widmen. Es reicht keineswegs, dass wir ihnen in der Werbung nur erzählen, dass wir die Produkte und unsere Arbeit lieben. Dieses Werbeversprechen muss dann auch ganz konkret eingelöst werden. Daran hapert es meistens. In der Werbung gibt es zurzeit fast eine Inflation an Liebesversprechen. Diese haben allerdings eine sehr unterschiedliche Qualität und verfolgen auch unterschiedliche Zielrichtungen, die der Kunde nur unbewusst wahrnimmt, aber dennoch in seine Entscheidungen einbeziehen wird.

> **Es reicht nicht, wenn wir damit werben, dass wir die Produkte und unsere Arbeit lieben. Dieses Werbeversprechen muss auch ganz konkret eingelöst werden.**

Wenn die Fluggesellschaft Condor sagt, „Wir lieben Fliegen", ist dies aktiv und handlungsbezogen. Fliegen bedeutet ja nicht nur, zu reisen im Sinne von transportiert werden, sondern auch Sicherheit, Bequemlichkeit und Service. Wenn allerdings der Spielfilmsender Tele 5 sagt, „Wir lieben Kino", dann versucht er Spielfilm und Kino gleichzusetzen. Ob das allerdings auch im Kopf der Zuschauer funktioniert, erscheint mir fraglich. Kino mit Großleinwänden oder 3D vermittelt mir ein ganz anderes Erlebnis als mein Fernsehgerät und ist damit eben nicht zu vergleichen.

Der Elektronik-Supermarkt Saturn liebt Technik und Edeka liebt Lebensmittel. Beide sprechen nur davon, dass sie zu ihren Produkten stehen und sich um diese kümmern und sie beherrschen. Da ist mir Apetito als Hersteller von Fertiggerichten und Dienstleister mit seinem „Wir lieben's frisch" sympathischer. Hier wird nicht nur über die Produkte gesprochen, sondern der Blick auch auf die Dienstleistungsqualität gerichtet.

Einen Perspektivwechsel bietet McDonalds mit dem Slogan „Ich liebe es". Hier spricht offensichtlich nicht das Unternehmen und es sprechen auch nicht die Mitarbeiter, sondern McDonalds suggeriert seinem Kunden, wie er das Unternehmen, die Restaurants, deren Ambiente und deren Produkte betrachten sollte. Hier wird weder Leistung noch Qualität versprochen, sondern vom Kunden erwartet, dass er die Produkte nicht nur so hinnimmt, wie sie sind, sondern sie auch noch gut finden soll.

Sicherlich macht man sich bei McDonalds und bei den anderen Unternehmen durchaus Gedanken darüber, welches Bild der Kunde nicht nur von den Produkten, die ja bei Lebensmitteln und Technik durchaus austauschbar sind, hat, sondern auch darüber, welche Atmosphäre in den Supermärkten oder Restaurants vermittelt wird. Doch das ist für viele Firmen offensichtlich keine Selbstverständlichkeit.

Wenn der Berater sich hinter dem Bildschirm verschanzt

In meinen Vorträgen zeige ich gerne immer wieder ein Bild, das typisch ist für Firmen, die Beratung anbieten. Es zeigt einen Mann, der, während er bedient wird, auf die Rückseite von Bildschirmen starrt, aus denen ein Gewirr von Kabeln quillt, die dann unter einem Schreibtisch verschwinden. Er weiß weder, was auf dem Bildschirm zu sehen ist, noch sieht er die Kundenberaterin oder den Kundenberater. Diese sitzen verschanzt hinter ihrem Monitor und unterhalten sich mit ihrem Kunden, ohne ihn anzuschauen. Unpersönlicher geht es nicht. Kein Kunde wird hier Liebe und Lust erleben.

Ein besseres Beispiel gibt es da in den modernen Filialen von Apollo Optik. Hier sitzen sich Berater und Kunde direkt gegenüber, was natürlich auch etwas mit dem Anpassen der Brillen zu tun hat, während der Monitor seitlich steht, so dass beide, Kunde und Berater, gleichzeitig darauf schauen können. Der Bildschirm wird als Informationsinstrument ganz bewusst in das Verkaufsgespräch mit einbezogen. Der Kunde kann jederzeit überprüfen, ob das, was der Berater dort abliest, auch stimmt.

Denken wir noch einmal an das Beispiel der Hamburger Sparkasse, wo der Berater ja nicht nur die Kunden- und Kontendaten auf dem Bildschirm hatte, sondern auch noch eine Typologie präsentiert bekam. Was würde wohl der Kunde sagen, wenn er gemeinsam mit dem Berater auf den Bildschirm schauen könnte? Er wäre überrascht, welche Details dort auftauchen und welche Informationen der Berater in das aktuelle Gespräch einbezieht, die dem Kunden selbst vielleicht nicht oder nicht mehr präsent sind.

In vielen Firmen ist es den Beratern, ob nun in der Bank, im Reisebüro oder bei einem Autohändler, unangenehm, wenn der Kunde einen Blick auf den Bildschirm erhaschen kann. Offensichtlich dient das, was dort an Informationen vorhanden ist, nicht so sehr dazu, dem Kunden mit Liebe und Lust zu dienen, sondern durch einen Informationsvorsprung Macht ausüben zu können. Dass der Kunde das nur mit gemischten Gefühlen wahrnimmt, wird gern ignoriert.

> **Es ist besser, den Bildschirm des Computers zur Information des Kunden mit einzubeziehen, als sich dahinter zu verschanzen.**

Es kommt auf die Wahrnehmung des Kunden an

Wenn wir den Kunden unsere Liebe und Lust erleben lassen wollen, müssen wir uns die wichtige Frage stellen: Wie nimmt uns der Kunde wahr und welche Elemente bestimmen seine Wahrnehmung?

Wahrnehmung bedeutet zunächst einmal nichts anderes, als dass das Gehirn äußere Reize, also all das, was wir sehen, hören, riechen, schmecken oder fühlen, verarbeitet. Da in jedem Moment Tausende solcher Reize auf uns einstürmen, sortiert das Gehirn sie nach wichtig und unwichtig, richtig oder falsch. Das wichtigste Hilfsmittel dabei sind die Erwartungen. Was wir nicht erwarten, wird entweder als falsch oder unwichtig aussortiert und insofern auch gar nicht wahrgenommen. Das wurde durch die unterschiedlichsten Experimente nachgewiesen.

> **Wir müssen uns fragen, wie der Kunde uns wahrnimmt und was seine Wahrnehmung bestimmt.**

Zum Beispiel stellte sich ein junger Mann mit einem Stadtplan auf die Kölner Domplatte und fragte einen ortskundigen Passanten nach dem Weg zu einer bestimmten Straße. Als dieser begann den Weg zu erklären, drängten sich ein paar Arbeiter mit einer großen Leinwand zwischen den beiden durch. Für einen Moment war der junge Mann nicht zu sehen.

Hinter der Leinwand tauschte er den Stadtplan mit einer jungen Frau aus und verließ hinter der Leinwand nicht sichtbar den Ort des Geschehens. Plötzlich stand dem Passanten eine junge Frau gegenüber. Ohne sichtbar irritiert zu sein, erklärte er ihr weiter den vom jungen Mann gewünschten Weg. Auch auf Rückfrage war ihm nichts Besonderes aufgefallen, und erst als ihm beide Personen gegenüberstanden, dämmerte ihm, dass sich etwas verändert hatte.

Dieses Experiment wurde in ähnlicher Form immer wieder mit dem gleichen Ergebnis wiederholt. Als an einem Kiosk der Verkäufer ausgetauscht wurde, indem sich der erste bückte und der zweite den Kunden weiter bediente, wurde dieser Austausch nicht erkannt. Und als Studenten sich auf die Handlungen einer Personengruppe konzentrieren sollten und dazwischen plötzlich ein Mensch im Gorilla-Kostüm hindurchlief, wurde dies heftig bestritten. Man musste ihnen nachträglich mit einem Video beweisen, dass der Gorilla zu sehen war. Stets waren die Erwartungen, dass nicht sein kann, was nicht sein darf, für die Wahrnehmung von größerer Bedeutung als das tatsächliche Ereignis.

Erwartungen sind von größerer Bedeutung als das tatsächliche Ereignis.

Die Erwartungen müssen durchbrochen werden

Wenn wir also vorhandene Erwartungen durchbrechen wollen, müssen wir schon zu recht ungewöhnlichen Mitteln greifen, um Aufmerksamkeit zu erregen. Wahrscheinlich hat mein Hotel Bischofschloss inzwischen allein deshalb eine ziemlich große Bekanntheit erlangt, weil wir das einzige Hotel sind, in dem der Aufzug wie eine Duschkabine dekoriert ist. Gäste, die uns das erste Mal besuchen und von der Tiefgarage aus den Aufzug benutzen, sind entweder außerordentlich amüsiert, manchmal auch leicht irritiert und gelegentlich konsterniert. Auf jeden Fall gibt es gleich ein Gesprächsthema.

> **Erwartungen werden durch Erfahrungen und durch Vorabinformationen gesteuert.**

Erwartungen sind aber in der Regel nicht einfach so vorhanden. Sie werden einerseits durch Erfahrungen und andererseits durch Vorabinformationen gesteuert. Wer mit der Erfahrung zu uns kommt, „alle Hotels sind gleich", wird durch unseren Fahrstuhl überrascht werden. Und was ist die Folge? Er erwartet von uns auch in den anderen Bereichen unseres Dienstleistungsspektrums immer wieder eine kleinere oder größere Überraschung. Er ist gespannt darauf, was wir tun und was wir noch für ihn vorbereitet haben. Aber wir dürfen unseren Gast auch nicht mit neuen Eindrücken überfrachten oder überfordern.

Wer allerdings schon von einem anderen Gast vorab informiert wurde, „du wirst dich wundern, wenn du dort in den Fahrstuhl steigst", wäre vollkommen enttäuscht, nur einen Standardaufzug vorzufinden. Jede Form von Vorabinformation steuert unsere Erwartungen. Das wissen natürlich Event-Veranstalter besonders gut. Und sie überlassen nichts dem Zufall. Sie steigern die Erwartungen der Teilnehmer sukzessive, indem sie z. B. mehrere Einladungen verschicken, die die Veranstaltung selbst immer attraktiver werden lassen. Damit machen sie sie schon vorab zu einem überragenden Erlebnis.

Wir reagieren besonders auf Abbildungen von Menschen

Unsere Wahrnehmung wird aber nicht nur allein durch Erwartungen gelenkt. Weil wir soziale Wesen sind, spielen andere Menschen in unserer Wahrnehmung eine ganz herausragende Rolle. Darüber sollte man sich im Zusammenhang mit dem Service im Klaren sein. Auch dazu gibt es in der Werbewirkungsforschung Experimente mit handfesten Ergebnissen.

> **Weil wir soziale Wesen sind, spielen andere Menschen in unserer Wahrnehmung eine ganz herausragende Rolle.**

Die meisten Produkte verkaufen sich recht gut, wenn man sie mit zusätzlichen Informationen versieht. Nehmen wir zum Beispiel Weinflaschen im Supermarkt, neben denen eine Tafel mit Informationen über Herkunft, Qualität und Geschmack steht. Noch besser verkaufen sich die Weine allerdings, wenn man neben dieser Tafel noch das Bild eines Winzers hat. Doch auch hier ist noch eine Steigerung möglich, wenn sich nämlich neben der Tafel mit den Informationen das Bild eines Prominenten befindet, dem man in Sachen Wein eine bestimmte Kompetenz zutraut.

Dass die Abbildung von Menschen und selbst deren Abstrahierungen eine große Wirkung auf uns haben, wissen wir durch den inzwischen fast allgegenwärtigen Smiley. Er lächelt uns bei allen möglichen Gelegenheiten an, und ob wir wollen oder nicht, er stimmt uns positiv. Dass auch bekannte Marken oder Symbole unsere Wahrnehmung lenken und beeinflussen, wurde ebenfalls experimentell nachgewiesen. Schon das Wort „Rabatt" oder „Sonderangebot" aktiviert unser Belohnungssystem.

Das eigene Erleben ist die stärkste Form der Wahrnehmung

Die stärkste Form der Wahrnehmung ist das eigene Erleben. Situationen, in denen wir uns selbst befinden, bestimmen unser Verhalten so stark wie kaum etwas anderes. Wenn Liebe und Lust erlebt werden sollen, müssen wir also entsprechende Situationen erschaffen. Jede Situation hat einen Ort als Ausgangspunkt, an dem wir eine ganz bestimmte Atmosphäre wahrnehmen. Sie muss alle Sinne ansprechen, dann können wir von der Macht des Ortes sprechen, und erst dann haben wir eine Bühne, auf der unsere Kunden Liebe und Lust erleben können. Räume müssen, um eine Wirkung entfalten zu können, wie eine Bühne passend zu einem Theaterstück inszeniert werden.

Wenn Liebe und Lust erlebt werden sollen, müssen wir entsprechende Situationen erschaffen.

Die richtige Atmosphäre schaffen

Gleichgültig, ob wir ein Hotel, eine Bankfiliale, eine Buchhandlung, einen Sitzungsraum oder eine Arztpraxis betreten, noch bevor wir dort auch nur mit einem Menschen gesprochen haben, wird uns die vorherrschende Atmosphäre einen dauerhaften Eindruck vermitteln, der unsere Erwartungen und unser Verhalten prägt. Was macht nun alles die Atmosphäre eines Geschäftsraums aus? Die Liste ist länger, als wir es vielleicht vermuten.

> **Die vorherrschende Atmosphäre vermittelt einen dauerhaften Eindruck, der unsere Erwartungen und unser Verhalten prägt.**

Was mir bei Firmen, die ich besuche, immer besonders gefällt, ist, wenn an einem Parkplatz in Eingangsnähe ein Schild mit der Aufschrift „Reserviert für Herrn Reutemann" steht. Dann weiß ich, dass man mir positive Beachtung schenkt. In solchen Firmen befindet sich dann meist in der Nähe der Rezeption auch noch eine Tafel „Wir begrüßen in unserem Hause heute: …", und auch da finde ich noch einmal meinen Namen. Auch wenn wir es uns nicht eingestehen wollen, nichts hören oder lesen wir lieber als unseren Namen und für unser Gegenüber ist es keine Mühe, ihn sich zu merken.

> **Nichts hören oder lesen wir lieber als unseren Namen.**

Aber längst nicht alle, die Kunden, Gäste, Patienten oder Klienten erwarten, geben sich Mühe, ihnen das Leben leichter zu machen, selbst, indem sie bloß verraten, wo sie sich befinden. Viele Geschäfte, Praxen, Kanzleien, Agenturen oder Firmen verstecken sich geradezu. Statt mit gut sichtbaren Hinweisschildern den Weg zu ebnen, überraschen viele diejenigen, die sie dann doch gefunden haben, mit einem Schild an der Tür, auf dem steht „heute geschlossen".

Ich will mich jetzt gar nicht über die Bedeutung der richtigen Lage von Geschäftsräumen äußern. Nur so viel, auch sie ist Teil des Service-Kamasutra. Beginnen wir mit dem äußeren Eindruck. Ich habe im Internet das Bild eines kleinen Reisebüros gefunden, das im Erdgeschoss eines ein- oder zweigeschossigen Wohnhauses liegt. Die Fassade ist mit sieben zum Teil beleuchteten Schildern verschiedener Reiseveranstalter gepflastert. Das kleine Schaufenster und die Eingangstür quellen vor Aufstellern, Plakaten und Sonderangebotspostern über. Doch damit nicht genug. Auch die Fassade neben und unter dem Schaufenster wurde noch mit Reiseangeboten bepflastert.

Was soll das? Wird hier Überfluss oder nur Überflüssiges dargestellt? Lautet die Botschaft an den Kunden „Such dir erst was aus und komm dann rein" oder „Komm rein, hier drin gibt es noch viel mehr und wir empfehlen dir alles"? Offensichtlich konzentriert sich der Besitzer dieses Reisebüros nicht auf das, was er für wirklich gut und richtig hält, und er kennt wohl auch nicht den Spruch „Wer alles kann, kann nichts richtig"! Weniger ist meist mehr!

Ob Sie es glauben oder nicht, es gibt in Deutschland immer noch Arztpraxen, die nicht behindertengerecht zu erreichen sind. Insbesondere um zu Zahnärzten oder anderen Fachärzten zu gelangen, muss man immer noch steile Treppen erklimmen, an denen jeder Rollstuhlfahrer scheitert. Offensichtlich möchten solche Ärzte nur junge und gesunde Patienten behandeln.

Aber egal, ob wir nun endlich in einer Arztpraxis, dem Schalterraum einer Bank oder dem Foyer eines Hotels sind, grundsätzlich ist der Abstand des Empfangstresens zur Eingangstür offensichtlich immer noch der Maßstab für die Bedeutung desjenigen oder der Institution, die dort residiert. Mit jedem Schritt, den man zurücklegen muss, wird man mehr und mehr zum Bittsteller und nicht zum gleichberechtigten Partner.

Deshalb haben wir so wie viele andere gute Hotels auch den Empfang ganz nahe am Eingang. Ob die Einrichtung modern oder antik ist, hell oder dunkel, hängt sicherlich stark von der Art des Geschäfts ab, das dort betrieben wird, und natürlich auch vom Besitzer, der damit signalisiert, wes Geistes Kind er ist. Viel wichtiger ist für mich Sauberkeit, Ordnung und eine Dekoration, die nicht überbordend, sondern stimmig sein sollte.

> **Der äußere Eindruck der Geschäftsräume und der Eingangsbereich spielen eine besonders wichtige Rolle.**

Der Einfluss von Gerüchen wird oft unterschätzt

Was viele Menschen im Zusammenhang mit der Wahrnehmung total unterschätzen, ist die Bedeutung von Gerüchen. Der Geruchssinn ist einer der ältesten in der menschlichen Entwicklung und wirkt direkt auf die unbewusste Wahrnehmung, ohne von zwischengeschalteten Hirninstanzen gefiltert zu werden. Gerüche sind eng mit Erinnerungen und Emotionen verbunden, nicht umsonst sagt man von einem Menschen, den man nicht leiden kann „Ich kann ihn nicht riechen".

> **Gerüche sind eng mit Erinnerungen und Emotionen verbunden.**

Düfte bleiben stärker in der Erinnerung als mancher Werbespruch, darüber sind sich die Experten inzwischen einig. Der Spezialbereich des Duftmarketings hat inzwischen immer mehr Fahrt aufgenommen. Und man ist längst über die Phase hinaus, in der man es im Supermarkt nach gebratenem Hähnchen duften lässt, um das Kaufverhalten der Kunden zu stimulieren.

Der Duft von grünen Äpfeln lindert das Gefühl von Platzangst und kann Panikattacken entgegenwirken. Jasmin fördert die geistige Stimulation und Lavendel beruhigt. Mit Pfefferminzduft macht man weniger Fehler, doch riecht man Bergamotte-Öl, sinkt die Aufmerksamkeit. Der Duft von frisch gebackenem Apfelkuchen weckt die Erinnerung an Kindheit und Familie und vermittelt das Gefühl der Geborgenheit.

Tatsächlich ist es sogar so, dass wir Menschen, auch wenn wir es nicht bewusst erklären können, riechen, ob unser Gegenüber glücklich oder gestresst ist beziehungsweise ob er Angst hat. Ja, man kann Angst wirklich riechen. Problematisch wird es, wenn man bestimmte Düfte einsetzt, weil sie einem selbst gefallen, anderen aber nicht.

Gerade in esoterischen Buchhandlungen verbrennt man oft Räucherstäbchen, weil man meint, dass sich die Kunden dann ebenso wohlfühlen wie die dort arbeitenden Buchhändler. Doch das kann ein gravierender Irrtum sein, weil manche Menschen den Geruch als muffig empfinden und fluchtartig den Laden wieder verlassen. Wer nun meint, Zitronenduft sei besser, irrt ebenfalls. Der Geruch von Zitronen macht munter und aktiv, man hat keine Lust mehr, sich lange aufzuhalten, sondern man möchte etwas unternehmen. Im ungünstigsten Fall verlässt man den Laden, ohne etwas gekauft zu haben, nur um schnell zum nächsten zu laufen.

Es ist also gar nicht so einfach, Situationen zu schaffen, in denen Liebe und Lust aktiv erlebt wird. In der Event-Branche, die ja darauf spezialisiert ist, erinnerbare Erlebnisse zu kreieren, arbeiten besonders viele Menschen aus der Hotellerie, Gastronomie und Touristik. Das ist kein Zufall, denn gerade in diesen Branchen wird das Erleben besonders großgeschrieben. Vertrauen Sie mir also. Ich weiß, was ich tue.

Disziplin und Qualität schaffen Begeisterung

Den Begriff „Kundenbegeisterung" hat der japanische Unternehmensberater Minoru Tominaga vor rund 15 Jahren in Deutschland eingeführt und bekannt gemacht. Vorher kannte man hier nur „Kundenzufriedenheit". Ein zufriedener Kunde war für Händler und Dienstleister das höchste der Gefühle, was sie sich bis dato vorstellen konnten.

Zufriedenheit ist gut, Begeisterung ist besser.

Auch innerhalb eines Unternehmens gibt es Kundenbeziehungen

Es ist übrigens nicht so, dass ein Kunde unbedingt immer von außen kommen muss. Auch innerhalb eines Unternehmens kann man die Beziehungen zwischen den verschiedenen Abteilungen leicht als Kundenbeziehungen definieren. Der Einkauf beschafft die Rohstoffe für die Produktion, die Produktion fertigt die Ware für den Vertrieb und der Vertrieb wird durch die Dienstleistungen des Marketings unterstützt. Jeder ist also Kunde des anderen und Dienstleister des nächsten.

Auch hier gibt es die vier Stufen von der Kundenverärgerung bis hin zur Kundenbegeisterung. Und Sie können sich vorstellen, dass ein Unternehmen, in dem jeder Mitarbeiter vom anderen begeistert ist, besser funktioniert, als wenn er falsch und zu spät beliefert wird.

Aktive Passivität – Erst handeln, wenn es der Kunde fordert

„Aktive Passivität" ist für mich eine besonders krasse Form der Kundenverärgerung. Aktive Passivität bedeutet für mich, dass Servicepersonen ganz bewusst so lange untätig bleiben, bis sie explizit vom Gast oder Kunden zu einer Handlung aufgefordert werden.

Aktive Passivität ist eine besondere Form der Kundenverärgerung.

Ein Beispiel: Eine junge Frau steht, ganz offensichtlich erschöpft nach einer langen Reise, mit zwei großen Koffern vor der Rezeption und hat bereits eingecheckt. Es erscheint der Hausdiener, meist ein junger, kräftiger Mann, er nimmt ihren Schlüssel vom Tresen, schaut sie längere Zeit an und fragt dann: „Darf ich vorgehen oder soll ich Ihnen helfen?" Ein dummes und freches Verhalten, was nicht nur auf mangelnde Empathie und Achtsamkeit schließen lässt, sondern auch auf die Vorstellungen, die dieser Mensch von seinem Beruf hat und von den Erwartungen, die an ihn von den Gästen, aber noch mehr von seinem Arbeitgeber gerichtet werden.

Diese aktive Passivität finden wir in unterschiedlicher Ausprägung aber überall im Servicebereich. Im Kaufhaus, wo sich zwei Verkäuferinnen intensiv unterhalten und erst dadurch aufgeschreckt werden, dass der Kunde fragt „Möchten Sie auch was verkaufen oder möchten Sie sich lieber weiter unterhalten?"

Es gibt eine Tankstellenmarke, die seit einiger Zeit damit wirbt, dass der Kunde sich beim Tanken nicht mehr selbst bedienen muss, sondern dass es wieder einen Tankwart gibt, der diese Tätigkeit übernimmt. Allerdings kann der Kunde, aber muss nicht, diese Dienstleistung mit einem Euro bezahlen. Einen Euro dafür, dass der Tankwart den Tankdeckel öffnet, die Tankpistole einhängt, auf Dauerbetrieb schaltet und daneben wartet, bis der Tank gefüllt ist.

Ich habe es im Winter schon erlebt, dass ich mit total verdreckter Scheibe an der Tankstelle vorfuhr, der junge Mann sich um den Tankvorgang kümmerte und ich mir einen Eimer mit Wasser und einen Scheibenreiniger schnappte, um meine Scheibe sauber zu machen. Nachdem ich die Hälfte der Arbeit getan hatte, rief er mir über den Wagen hinweg zu „Möchten Sie, dass ich Ihnen die Scheibe reinige oder soll ich Ihren Ölstand kontrollieren?" Wie kommt er bloß darauf, dass ich gern eine saubere Scheibe hätte? Dieses Beispiel ist aber sicher nicht die Regel. Ich kenne viele Tankstellen, die einen vorbildlichen Service anbieten.

Qualität erfordert klare Ansagen

Jede Führungskraft wird von ihren Mitarbeitern nur dann Servicequalität erhalten, wenn sie klare Ansagen macht. „Sie müssen zu unseren Gästen immer nett sein" ist keine klare Ansage, sondern ein diffuser Allgemeinplatz. Es ist deshalb wichtig, Qualität ebenso präzise zu formulieren wie andere Unternehmensziele auch. In der Schweizer Armee gab es die 3-K-Regel: Kommandieren, kontrollieren, korrigieren.

Qualität entwickelt sich allerdings in vier Stufen:

- Planung und Definition des Qualitätsanspruchs,
- Umsetzung in die Praxis,
- Messung und Kontrolle dieses Anspruchs und
- seine Anpassung.

Qualitätsanspruch planen und definieren

Zunächst einmal muss man den eigenen Qualitätsanspruch planen und definieren. Das bedeutet, man muss sich darüber im Klaren sein, was man tun will, wie man es tun will, aber auch, wo die Grenzen sind und wo Service für den Gast oder Kunden zur Belästigung wird.

Es gibt da einen Loriot-Sketch, der im Restaurant spielt und bei dem ein Mann versucht, eine Kalbshaxe zu essen. Nachdem ihm diese serviert wurde, stellt der Kellner jedes Mal, wenn er am Tisch vorbeiläuft, eine Frage „Schmeckt's?", „Hätten Sie doch lieber Nudeln statt Kartoffeln gehabt?", „Die Kalbshaxe ist gut, nicht wahr?" Irgendwann ruft der Gast vollkommen entnervt „Ich habe noch keinen einzigen Bissen gegessen. Sie haben mir dauernd ins Essen gequatscht!" Der Kellner ist vollkommen konsterniert. Er hat es doch nur gut gemeint. Gut gemeint ist eben manchmal doch das Gegenteil von gut gemacht.

Deshalb sollten wir unseren Qualitätsanspruch bis ins Detail genau planen und definieren. Wir sollten festlegen, wie wir auftreten wollen, dass wir ein Namensschild tragen, wie wir gekleidet sind und so weiter. Wir formulieren ein Leitbild, wie der gesamte Kunden- oder Gästekontakt ablaufen soll. Dazu müssen wir uns natürlich eine Vorstellung über die Erwartungen der Kunden oder Gäste machen. Versetzen wir uns in ihre Situation: Was wünschen sie, was erwarten sie und was wünschen sie nicht? Nun schauen wir uns die Abläufe an.

Ein Gast, der ein Restaurant betritt oder am Empfangstresen wartet, ist wichtiger als ein klingelndes Telefon. Sie glauben, das ist selbstverständlich? Keineswegs. Sie werden es an vielen Stellen immer wieder erleben, dass Verkäufer, Berater oder andere Servicepersonen das Gespräch mit ihrem Kunden oder Gast unterbrechen, weil ein Telefon klingelt. Besonders schlimm sind Handys. Die oder der Angerufene dreht sich von seinem Kunden weg, um ungestört und, wie er glaubt, „diskret" den Anruf entgegennehmen zu können. Manche dieser Gespräche entwickeln sich dann zu einem längeren Dialog. Unmöglich.

> **Ein Gast, der ein Restaurant betritt oder am Empfangstresen wartet, ist wichtiger als ein klingelndes Telefon.**

Die Kontrolle der Mitarbeiter ist kein negatives Instrument, um sie zu schikanieren, sondern dient einerseits dazu, ihnen klar zu machen „Dieser Qualitätsanspruch ist mir wichtig". Andererseits versuche ich damit, Mitarbeiter zu erwischen, wenn sie etwas richtig machen. Eine „Qualitätspolizei" hat sich nicht bewährt, denn Qualität ist Chefsache. Nur wenn die Führungskraft bereit ist, die Kontrolle selbst durchzuführen, wird sich Qualität auf Dauer halten. Leider kommt gerade dieser Punkt in der Praxis oft zu kurz, was entsprechende Folgen hat. Wenn zum Beispiel in einer Arztpraxis die Anweisung beziehungsweise Vereinbarung gilt, bei einer zeitlichen Verzögerung nach 15 Minuten die wartenden Patienten über den Grund dafür zu informieren, und nie kontrolliert wird, ob dies auch geschieht, dann werden die Praxismitarbeiterinnen sehr wahrscheinlich diese „Zusatzaufgaben" nicht mehr lange ausführen.

> **Die Kontrolle der Leistung ist ein wichtiger Erfolgs- und Motivationsfaktor. Erwischen Sie Ihre Mitarbeiter dabei, wenn sie etwas richtig machen!**

Den definierten Qualitätsanspruch in die Praxis umsetzen

Die nächste Stufe zu mehr Qualität besteht darin, den vorher geplanten und definierten Qualitätsanspruch nun auch in die Praxis umzusetzen. Das erfordert, wie schon gesagt, klare Vorgaben. Diese schließen auch scheinbare Selbstverständlichkeiten ein. Denn das, was für Sie ganz selbstverständlich ist, muss nicht notwendigerweise auch für Ihre Mitarbeiter selbstverständlich sein.

Es kommt also darauf an,

- die Mitarbeiter zunächst einzuweisen: man erklärt, was wie zu tun ist;
- sie einzuarbeiten: das heißt, die tatsächlichen Aktivitäten zu beobachten, sie zu korrigieren und ihr Handeln zu optimieren;
- die Mitarbeiter auszubilden: das heißt, die einzelnen Handlungen und Tätigkeiten in einen größeren Rahmen zu stellen, einen Sinnzusammenhang herzustellen und Hintergrundwissen zu vermitteln und so die Mitarbeiter im Sinne von mehr Wissen und Können zu schulen;
- die persönliche Entwicklung des Mitarbeiters zu unterstützen und voranzutreiben: Auch ein begabter Servicemitarbeiter wird nicht die Palette aller Tätigkeiten von vornherein beherrschen, aber er wird seine eigene Entwicklung als positive Erfahrung anerkennen.

Zur Umsetzung gehören auch möglichst regelmäßige Zusammenkünfte mit den Mitarbeitern, in denen nicht nur die Ziele und Probleme vonseiten der Führungskraft angesprochen werden, sondern die Mitarbeiter auch die Gelegenheit haben, eigene Vorschläge zu unterbreiten.

Ein wichtiges Element bei der Umsetzung ist die Definition klarer Zuständigkeiten, damit jeder weiß, wer was zu tun hat und wer für wen einspringen muss, wenn dieser abwesend oder anderweitig beschäftigt ist.

> **Vergessen Sie nicht, die Zuständigkeiten klar zu definieren.**

Den Qualitätsanspruch messen und kontrollieren

Kommen wir jetzt zur dritten Qualitätsstufe, den Qualitätsanspruch zu messen und zu kontrollieren. Die wichtigste Informationsquelle dazu, wie die von uns gebotene Qualität wahrgenommen wird, sind die Kunden und Gäste selbst. Das schnellste und klarste Feedback erhalten Sie, wenn der Kunde verärgert ist.

Die wichtigste Informationsquelle sind die Kunden selbst.

Das ist nicht nur meine Praxiserfahrung, sondern wird auch durch eine Untersuchung der BAT-Stiftung für Zukunftsfragen aus dem Jahr 2010 untermauert. Darin heißt es, dass Kunden, die unfreundlich bedient und schlecht beraten werden, zu 75 Prozent das Geschäft verlassen. Bei der Altersgruppe von 35 bis 54 Jahren sind es sogar 82 Prozent, die einfach gehen. Den Grund dafür sehen die Forscher darin, dass es in Deutschland üblich ist, eher das Negative als das Positive wahrzunehmen.

Als „König Kunde" sehen sich nur noch 27 Prozent der Deutschen. Das liegt auch daran, dass die Ansprüche immer höher werden und dass das, was vor 20 Jahren noch nicht erwartet wurde, inzwischen als selbstverständlich vorausgesetzt wird. Niemand kann sich also auf seinen Lorbeeren ausruhen, erst recht nicht die Dienstleistungsbranche.

Tatsächlich ist es aber so, dass nicht nur verärgerte Kunden ihre Meinung sagen, sondern auch jene, die richtig begeistert sind. Allerdings ist dies insgesamt noch viel zu selten der Fall. Am schwierigsten ist es, ein Feedback von jenen Gästen und Kunden zu bekommen, die entweder „nur" enttäuscht sind oder „insgesamt zufrieden" waren mit dem, was wir ihnen geboten haben. Hier kommt es häufig auf die Beobachtungsgabe der Mitarbeiter an und darauf, dass sie die Signale, die sie sehen, auch richtig deuten.

Für Führungskräfte ist es jedenfalls in der Regel sehr schwierig, sich ein exaktes Stimmungsbild im Spannungsfeld zwischen Enttäuschung und Zufriedenheit zu machen. Eine der Möglichkeiten ist es, dem Gast Karten zur Verfügung zu stellen, auf denen er möglichst einfach, zum Beispiel durch Ankreuzen, seinen Eindruck äußern kann. Diese Karten lassen sich besser auswerten und zur Grundlage von Gesprächen machen als nur die Eindrücke, die die Mitarbeiter persönlich gesammelt haben.

Auch schriftliche Befragungen, die zum Beispiel mit der Rechnung versendet werden, oder Internet-Bewertungstools können hierzu genutzt werden. Auf alle Fälle sollten Sie den Mut haben, die Kunden nach deren Zufriedenheit zu befragen. Es gibt immer noch einige Branchen, in denen die Unternehmer einfach davon ausgehen, gut zu sein, aber nicht den Mut haben, den Kunden danach zu fragen. Oder hat Ihr Arzt, Anwalt, Steuerberater oder Firmenkundenberater in der Bank Sie jemals ernsthaft nach Ihrer Zufriedenheit befragt?

> **Versetzen Sie sich gedanklich in die Rolle der Kunden und achten Sie dabei sowohl auf Fehler als auch auf überdurchschnittliche Leistungen der Mitarbeiter.**

Häufig reicht es allerdings auch schon, wenn man selbst mit offenen Augen durch das eigene Unternehmen geht und sich gedanklich in die Rolle von Gästen oder Kunden versetzt. Dabei ist es wichtig, nicht nur auf Fehler zu achten, sondern das Augenmerk auch auf überdurchschnittliche Leistungen zu richten.

Tadel ist unvermeidlich, aber gerade Lob und Anerkennung sind noch viel wichtiger, denn sie motivieren die Mitarbeiter und spornen sie zu weiteren Höchstleistungen an. Wenn die höchste Form der Anerkennung wie beim Fernsehkoch Alfons Schuhbeck lautet: „Ist schon recht", dann müssen die Mitarbeiter ihren Chef schon sehr genau kennen, um zu wissen, dass sie seine Erwartungen mal wieder übertroffen haben.

Inzwischen gibt es zahlreiche Internetplattformen, auf denen Kunden und Gäste ihre Meinung äußern. Für Hotels sind diese sehr wichtig. Wir haben nur gute Erfahrungen damit gemacht. Wenn ein Unternehmer eine Agentur beauftragt, positive Bewertungen über ihn zu verfassen, betrügt er sich selbst und verstößt sicherlich gegen den Firmengrundsatz der Ehrlichkeit, vorausgesetzt, diesen gibt es.

Die intensivste Form, um Qualität zu messen, ist die Befragung von Gästen und Mitarbeitern. Sie ist durchaus zweckmäßig, doch erst Tiefeninterviews fördern Ergebnisse zutage, die man vielleicht nicht vorausgesehen und deshalb auch nicht in einen Fragebogen eingebaut hat.

Den Qualitätsanspruch anpassen – Beschwerdemanagement

Wenn wir die drei ersten Stufen zu mehr Qualität zurückgelegt haben und dann feststellen, dass unsere Leistungen weder zu Kundenzufriedenheit führen, also den Erwartungen entsprechen, noch Kundenbegeisterung hervorrufen, also die Erwartungen übertreffen, müssen wir uns zwangsläufig darüber Gedanken machen, welche Veränderungen vorgenommen werden müssen. Statt der Stufen, die wir emporsteigen, wird aus dem Qualitätsmodell ein Regelkreis. Das heißt, wir müssen unseren selbst definierten Qualitätsanspruch neu planen. Der erste Schritt dazu ist die Einrichtung eines geordneten Beschwerdemanagements.

> **Der erste Schritt zur Anpassung des Qualitätsanspruchs ist die Einrichtung eines Beschwerdemanagements.**

Jede Beschwerde muss zunächst einmal exakt erfasst werden. Es reicht nicht, wenn ein Mitarbeiter im Monats-Meeting sagt „In der vergangenen Woche haben sich drei Gäste über das Frühstück beschwert". Damit kann man nichts anfangen. Jede Beschwerde sollte schriftlich festgehalten werden. Wer hat sich beschwert, wann hat er sich beschwert und worüber hat er sich beschwert? Gerade die Details des „worüber" sind wichtig. Frühstück allein reicht nicht. Schmeckte der Kaffee nicht, gefielen dem Gast die Brötchen nicht, konnte kein Rührei mit Schinken serviert werden oder hatte der abgepackte Joghurt im Becher sein Haltbarkeitsdatum überschritten? Alles kann möglich sein und alles kann erfragt werden.

Nachdem man eine solche Beschwerde entgegengenommen hat, sollte darauf innerhalb der nächsten 24 Stunden, möglichst noch schneller, reagiert werden. Das heißt, nicht nur der Mangel muss abgestellt, es muss auch dafür gesorgt werden, dass er nicht wieder auftritt. Und das Wichtigste: Demjenigen, der sich beschwert hat, muss auch ein Feedback gegeben werden. Das kann persönlich erfolgen, wenn der Gast noch im Hause ist, es geht aber auch telefonisch, per E-Mail oder schriftlich per Post.

Man bedankt sich für den Hinweis, erklärt, warum dieser Fehler passierte, verspricht, dass er dauerhaft behoben wurde, und stellt eine Belohnung in Aussicht. „Wir hoffen, dass Sie uns dennoch wieder einmal besuchen, und möchten Sie dann zu einem Glas Sekt einladen". Jetzt muss man nur noch sicherstellen, dass diese Belohnung nicht in Vergessenheit gerät.

> **Vergessen Sie nicht, dem, der sich beschwert hat, ein Feedback zu geben. Wenn jemand meckert, dann hat er Interesse an Ihnen.**

Wenn ein Beschwerdemanagement in dieser Weise funktioniert, wird die Zahl der Fehler deutlich zurückgehen. „Und was", werde ich immer wieder gefragt, „wenn wir gar keinen Fehler gemacht haben?". Denken Sie nur an die Geschichte mit dem Clausthaler Alkoholfrei. Auch dann sollten wir dem Gast zeigen, dass wir seine Beschwerde ernst nehmen und seine Wünsche in Zukunft erfüllen werden.

„Vielleicht war es ja Ihr erstes Clausthaler Alkoholfrei. Kann ja mal vorkommen". Das zum Thema Beschwerdemanagement.

Der kontinuierliche Verbesserungsprozess

Wichtig bei der Anpassung unserer Qualitätsansprüche an die unserer Kunden und Gäste ist es, die Vorstellung von dem, was Qualität ist und sein soll, immer wieder neu zu definieren, zu planen und umzusetzen. Der beste Weg dafür ist der kontinuierliche Verbesserungsprozess. Denn er enthält eine ganze Reihe wichtiger Qualitätsinstrumente.

In der Praxis zeigt sich immer wieder, dass im Qualitätszyklus aus Planen, Umsetzen, Messen und Anpassen Lücken entstehen. Ich nenne sie Quality-Gaps oder einfach nur Q-Gaps. Was ich damit meine, demonstriere ich in meinen Vorträgen an folgendem Bild: Eine Bananenschale liegt auf dem Fußboden und es könnte jemand darauf ausrutschen. Um das zu verhindern, hat man nicht etwa die Bananenschale entfernt, sondern ein Schild daneben gelegt, das auf die bestehende Gefahr hinweist. Wir erkennen zwar einen Mangel, beseitigen ihn aber nicht direkt, sondern nur indirekt durch eine ergänzende Maßnahme.

Genau diesen zwar zielgerichteten aber umständlichen und überflüssigen Vorgehensweisen will der kontinuierliche Verbesserungsprozess entgegenwirken. Sein Ziel ist es, Servicelücken zu reduzieren oder am besten ganz zu beseitigen, die Qualität zu verbessern, sie zu sichern und damit zunächst die Kundenzufriedenheit zu erhöhen, um sie dann in Kundenbegeisterung umzuwandeln.

> **Der kontinuierliche Verbesserungsprozess hilft, Servicelücken zu identifizieren und zu beseitigen und so die Qualität zu verbessern.**

Viele Unternehmen wissen nicht, wie sie so richtig in den Qualitätszyklus einsteigen sollen. Das heißt, es gibt zwischen dem, was man abstrakt geplant hat, und dem was man umsetzt, eine Lücke, die vertrakter Weise nur schwer zu überbrücken ist. Wie also beginnen? Im kontinuierlichen Verbesserungsprozess wird empfohlen, das Just-in-time-Prinzip an den Anfang zu stellen. Also das sofort zu tun, was sofort getan werden kann und getan werden muss. Damit wirkt man der weit verbreiteten „Aufschieberitis" entgegen.

Tun Sie das sofort, was sofort getan werden kann und getan werden muss.

Die 5-S-Methode

Es kommt beim kontinuierlichen Verbesserungsprozess nicht darauf an, immer nur das große Ganze vor Augen zu haben, sondern auf die vielen kleinen Details zu achten, aus denen sich dann das Gesamtbild zusammensetzt. Um zu einer Bewusstseinsveränderung bei allen Mitarbeitern eines Unternehmens zu kommen und für alle die gewünschte Erneuerung sichtbar und, was noch wichtiger ist, erlebbar zu machen, empfehle ich die von Minoru Tominaga beschriebene 5-S-Methode. Die 5 S stehen für Seiri (Aufräumen), Seiton (Ordnen), Seiso (Reinigen), Seiketsu (Sauberkeit) und Shitsuke (Disziplin).

Seiri, das Aufräumen, bedeutet in erster Linie, dass man zwischen dem Notwendigen und dem Überflüssigen unterscheidet und das Überflüssige konsequent beseitigt. Es ist immer wieder erstaunlich, wie viel Gerümpel sich an einem Arbeitsplatz ansammelt, nur weil man genügend Regalfläche oder Schubladen zur Verfügung hat. Je mehr Überflüssiges vorhanden ist, desto länger dauern die Suchaktionen, um das eigentlich Wichtige zu finden.

> **Unterscheiden Sie zwischen dem Notwendigen und dem Überflüssigen und beseitigen Sie alles Überflüssige.**

Durch das Aufräumen macht man sich auch bewusst, was man wirklich tun will und womit diese Aufgaben zu erledigen sind. In der Küche gibt es vielleicht stumpfe Messer, die man gar nicht benutzt, und Küchengeräte, die vollkommen überflüssig sind, weil man sie gar nicht mehr einsetzt. In irgendwelchen Schränken liegt Dekorationsmaterial, das längst ausgedient hat, oder es stehen Akten von Projekten im Schrank, die längst erledigt sind. All das muss man beseitigen.

Den Platz, den man jetzt gewonnen hat, und die Klarheit über das, was man tun will, kann man nutzen, um im Sinne von Seiton, dem Ordnen, Standards zu definieren und Standards einzuhalten. Alles, was man braucht, ist griffbereit und alles hat seinen Platz.

Dass in einem Hotel die Zimmermädchen die Gästezimmer aufräumen und reinigen, ist eine Selbstverständlichkeit. Und auch in anderen Unternehmen werden Putzfrauen oder Putzmänner beschäftigt, um die Allgemeinflächen sauber zu halten. Doch wie ist es mit dem eigenen Arbeitsplatz, besonders dann, wenn er nicht für die Kunden und Gäste sichtbar ist? Natürlich werden Küchen unter dem Gesichtspunkt der Hygiene geputzt.

> **Unordnung und Schmutz beeinträchtigen ein klares und zielgerichtetes Denken.**

Aber was passiert zum Beispiel im Büro einer Autowerkstatt oder eines anderen Handwerksbetriebs? Wird dort ebenfalls auf peinliche Sauberkeit geachtet? Oft genug nicht. Es kommt ja nach Ansicht der Beteiligten auch gar nicht so darauf an, denn damit wird schließlich kein Geld verdient. Aber das ist ein Irrtum, wenn wir uns bewusst machen, dass unser Verhalten durch Situationen gesteuert wird. Unordnung und Schmutz beeinträchtigen durchaus ein klares und zielgerichtetes Denken. Also streben wir durch Aufräumen, Ordnen und Reinigen das Prinzip Seiketsu, die Sauberkeit, an. Es geht dabei darum, in Zukunft Unordnung und Schmutz gar nicht erst wieder entstehen zu lassen.

Damit das gelingt, brauchen wir Shitsuke, die Disziplin. Disziplin wird in Deutschland oft mit Gehorsamkeit verwechselt. Der Chef sagt, was zu tun ist, und genau das und wirklich nichts anderes wird gemacht. Häufig genug glaubt auch der Chef, dass nun in seinem Unternehmen Disziplin herrscht. Doch das ist ein Irrtum. Disziplin ist eine starke innere Haltung, das Richtige zu wollen und es dann auch zu tun. Disziplin kommt nicht von außen, sie ist kein Korsett, sondern sie ist das eigentliche Skelett, das uns Haltung gibt und die Möglichkeit, beweglich zu sein.

> **Disziplin ist etwas anderes als Gehorsam. Disziplin ist eine starke innere Haltung, das Richtige zu wollen und es dann auch zu tun.**

Disziplin lässt sich erlernen, am leichtesten dadurch, dass man mit einem Menschen, der diszipliniert ist, zusammenarbeitet. Disziplin färbt ab. Wenn alle anderen um einen herum diszipliniert sind und man selbst es nicht ist, kommt man sich irgendwann wie ein Trottel vor, der nur auf Kommandos anderer hört, sich selbst aber keine Kommandos gibt. Disziplin entsteht also durch Kommunikation und Disziplin schafft eine innere Zufriedenheit, weil man nicht nur weiß, was man leistet, sondern auch warum. Natürlich spüren das auch die Kunden und Gäste.

Erst durch Disziplin können wir unsere Versprechen einhalten. Wenn wir uns als der kundenfreundlichste Baumarkt, die sympathischste Bank in Vorarlberg, als der IT-Dienstleister mit höchster Servicequalität oder als das servicefreundlichste Taxiunternehmen definieren, dann können wir dieses Versprechen nur einhalten, wenn wir Disziplin besitzen.

Ein servicefreundliches Taxiunternehmen wird keine schmutzigen Fahrzeuge mit überquellenden Aschenbechern und Müll im Fußraum der Beifahrerseite auf die Straße lassen. Ein IT-Dienstleister mit höchster Servicequalität hinterlässt keinen Datenmüll auf den Festplatten seiner Kunden. Um die sympathischste Bank zu sein, wird man die Fächer mit den Formularen für die Kunden stets gut gefüllt halten und der kundenfreundlichste Baumarkt wird stets darauf achten, dass die Produkte mit den richtigen Preisen gut erkennbar ausgezeichnet sind.

Alles Selbstverständlichkeiten, glauben Sie? Nein, alles eine Frage der Disziplin! Kundenbegeisterung zu schaffen, bedeutet, mit Disziplin und Qualität auch noch zwei Minuten vor Ladenschluss den Kunden hereinzulassen und ihn zu bedienen und nicht schon vorher das Licht im Verkaufsraum herunterzudimmen. Überlassen Sie also die Qualität nicht dem Zufall.

Ausdauer braucht Zeit und Leidenschaft

„Ich will alles, und zwar sofort!" Mit diesem Satz hat ein Autohändler vor vielen Jahren für Kreditkäufe geworben und den Nerv unserer Gesellschaft getroffen. Wir wollen weder auf etwas verzichten noch wollen wir auf etwas warten. Ob es nun ein Auto mit Komplettausstattung sein soll, für das wir einen Kredit aufnehmen, oder ob es nur ein Joghurt ist, den wir schon beim kleinsten Hunger zwischendurch in uns hineinlöffeln, wir wollen auf keinen Fall warten.

Der Begriff Ausdauer wirkt in unserer Easy- und Instantgesellschaft fast schon antiquiert. Wir wollen nun einmal nicht warten, wir wollen auch keine Mühe auf uns nehmen, aber trotzdem die besten Ergebnisse und die aufregendsten Erlebnisse haben. Der Faktor Zeit hat in unserer schnelllebigen Gesellschaft einen anderen Stellenwert bekommen.

Zeit gilt heute vielen Menschen als das knappste Gut. Wir sind weder bereit, uns Zeit für etwas zu nehmen, noch anderen Zeit zu geben. Zeit wird immer häufiger als ein Opfer angesehen, das erbracht wird. Und wenn etwas zu viel Zeit kostet, wird es für viele Menschen schnell uninteressant. Aber Schnelligkeit allein ist noch kein Wert an sich, denn es taucht dann die Frage auf, was man mit der gewonnenen Zeit anfängt.

> **Zur Ausdauer gehören Qualität, Perfektion und Reife.**

Ausdauer hingegen stellt einen Wert dar. Dass man nicht alles sofort bekommen kann, zeigen viele Sprichworte: „Es ist noch kein Meister vom Himmel gefallen" oder „Rom wurde auch nicht in einem Tag erbaut". Ausdauer hat aber nicht nur eine zeitliche Dimension. Es geht nicht um die „Entdeckung der Langsamkeit" als Wert an sich. Ausdauer hat viele Dimensionen. Zur Ausdauer gehören Qualität, Perfektion und Reife.

In diesem Zusammenhang möchte ich zum Beispiel auf die Slow-Food-Bewegung hinweisen, die einerseits davon ausgeht, dass der wahre Genuss sich nur einstellt, wenn man sich beim Essen Zeit lässt, und andererseits auch der Zubereitung von Speisen Zeit einräumt.

Wahre Qualität lässt sich in der Regel nicht innerhalb von Minuten herbeizaubern. Gute Weine, aber auch gute Schinken und aromatische Käse müssen reifen. Wer Perfektion will, muss sich Zeit nehmen.

Ausdauer braucht Ziele

Ausdauer lässt sich nur von den Zielen her verstehen, die man verfolgt. Wer keine Ziele hat, braucht auch keine Ausdauer. Ziele, die uns nur vorgeschrieben oder vorgegeben werden, werden wir kaum mit Ausdauer verfolgen. Erst, wenn wir Ziele für uns selbst annehmen und akzeptieren und wenn wir uns mit ihnen identifizieren, sind wir bereit, dafür unsere Zeit einzusetzen. Man muss etwas selbst tun wollen und nicht tun müssen. Insofern stehen die eigenen inneren Ziele im engen Zusammenhang mit der Motivation, aber auch mit Leidenschaft und Hingabe.

> **Ausdauer ist nur möglich, wenn wir etwas selbst tun wollen und nicht tun müssen.**

Schauen wir uns doch einfach einige Beispiele an, die ohne Ausdauer gar nicht vorstellbar wären. Das klassische Bild für Ausdauer ist der Marathonläufer. Tatsächlich gab es Postläufer nicht nur im alten Griechenland, sondern überall auf der Welt und speziell in gebirgigen Regionen, in denen Pferd und Reiter nicht eingesetzt werden konnten.

Ein ganz besonderes Beispiel für Leistung und Durchhaltevermögen war wohl im Winter 1925 der sogenannte Serum Run to Nome. In der Stadt Nome im Nordwesten Alaskas war eine Diphtherieepidemie ausgebrochen. Der Ort konnte wegen des zugefrorenen Meeres weder per Schiff und wegen der niedrigen Temperaturen auch nicht per Flugzeug erreicht werden. Die einzig möglichen Transportmittel für die dringend notwendigen Medikamente waren Hundeschlitten.

Von der letzten Bahnstation Nenana begann ein Staffellauf von 20 Mushern mit ihren Schlittenhunden über eine Distanz von 1.085 Kilometern. Diese Strecke wurde innerhalb von fünfeinhalb Tagen zurückgelegt und so das Leben von Hunderten von Menschen gerettet. Balto, dem Leithund von Gunnar Kaasen, der die letzte Etappe der Staffel zurücklegte, wurde aus Dank ein Denkmal im Central Park von New York gestiftet. Noch heute wird jedes Jahr im Andenken an diese Leistung das Iditarod-Schlittenhunderennen durchgeführt.

Aber Ausdauer und Durchhaltevermögen, wenn es hart und schwer ist, finden wir nicht nur in Bereichen, in denen es um die Rettung von Menschenleben geht. Wer ein Musikinstrument erlernt, muss ebenfalls üben und sich in die Pflicht nehmen, um Fähigkeiten und Erfahrungen zu erwerben. Ein Uhrmacher, der die kleinsten Teile komplizierter Uhren herstellt und zusammenfügt, muss ein Meister seines Fachs sein und nicht nur über Können, sondern auch über Ausdauer verfügen. Wissenschaftler brauchen bei ihren Forschungen Ausdauer, wenn sie zwischen Versuch und Irrtum hin- und hergeworfen werden. Aber auch der Umgang mit pflegebedürftigen Menschen erfordert Ausdauer. Und um eine Beziehung zu einem anderen Menschen andauern zu lassen, ist ebenfalls Respekt, Toleranz, Geduld und Ausdauer erforderlich.

Ausdauer ist eine Fähigkeit, die erworben werden kann.

Ausdauer ist eine Fähigkeit, die erworben werden kann, indem man die eigene Bequemlichkeit und den inneren Schweinehund überwindet. Ausdauer kann dann sogar zur Gewohnheit werden. Wer ungeduldig ist, verstellt sich selbst den Weg zu neuen Fähigkeiten und Erfahrungen. Das heißt allerdings nicht, dass man immer und gegenüber jeder Situation und jedermann Geduld üben sollte. Dafür kann dann die Zeit manchmal auch zu schade sein.

Wenn die Zeit des Kunden verschwendet wird

Nehmen wir folgendes, eigentlich banales Beispiel, das man mir erst kürzlich erzählte. Ein Bekannter wollte sich auf seinen Wagen Winterreifen aufziehen lassen und fuhr deshalb zu seinem örtlichen Reifenhändler, mit dem er einen Termin vereinbart hatte. Er war pünktlich da, doch ein anderer Kunde wurde aus unbekannten Gründen vorgezogen. Man bat meinen Bekannten, doch im Warteraum Platz zu nehmen, und bot ihm eine Tasse Kaffee an. Nach einer halben Stunde ging er in die Werkstatt, um nach seinem Wagen zu schauen. Es war noch nichts passiert.

Also sprach er den Servicechef an, warum dieser ihm nicht einen späteren Termin gegeben hat. Die Antwort: „Ich habe nicht gedacht, dass das so lange dauert". Nicht Denken ist keine gute Entschuldigung.

Etwas Ähnliches habe ich auch schon bei einer Änderungsschneiderei erlebt. Eine Hose sollte gekürzt werden „Das dauert nicht mehr als eine halbe Stunde. Kommen Sie nachher doch einfach wieder vorbei". Nach einer Stunde war ich wieder da. „Ich bin noch nicht dazu gekommen".

Es gibt aber auch positive Beispiele, wie den Bringservice von Apotheken oder Buchhändlern. Früher mussten wir ein zweites Mal in die Apotheke gehen, wenn das gewünschte Medikament nicht vorrätig war, oder das bestellte Buch abholen, wenn es im Laden angekommen war. Heute werden die Medikamente oder Bücher nach Hause geliefert. Es gibt inzwischen auch schon Handwerker mit Termingarantie für ihre Leistungen.

Ich selbst habe immer wieder Schwierigkeiten, zugesagte Termine einzuhalten. Seitdem ich in meiner E-Mail-Signatur die Servicegarantie gebe „wenn ich einen zugesagten Termin nicht einhalte, erhalten Sie von mir einen Gutschein für eine Übernachtung in unserem Hotel", läuft es besser. Versprechen ist nett, eine Garantie mit Sanktionen ist besser, weil es „wehtut", wenn sie nicht eingehalten wird.

Man kann die Zeit anderer Menschen auf vielfältige Weise verschwenden. Man lässt sie warten, beschäftigt sie mit unnötigen Tätigkeiten oder lässt sie unnötige Wege zurücklegen. Warum nicht realistische Termine setzen, die man einhalten kann, und alle darüber informieren?

Zuwendung erfordert Ausdauer und Disziplin

Was wir uns alle wünschen, ist Zuwendung. Und das erfordert von demjenigen, der sie gibt, Ausdauer und Disziplin. Sich einem Menschen zuzuwenden, bedeutet, ihm zuzuhören, ihm Beistand zu leisten, ihm Freiräume zu verschaffen und ihm die Möglichkeit zu geben, sich besser zu fühlen. Nicht nur im Rahmen von Pflegediensten, sondern überall, wo Service geleistet wird. Das ist Service-Kamasutra.

Wertschöpfung durch Wertschätzung: So verdient man mit Lebensfreude Geld

Lesen Sie in diesem Kapitel ...

- warum Lebensfreude ein Megatrend ist;
- warum Sie die fünf Formen der Lebensfreude kennen sollten;
- warum es beim Service-Kamasutra darum geht, den Kunden oder Gästen diese Lebensfreude zu vermitteln;
- warum es legitim ist, mit Lebensfreude Geld zu verdienen;
- warum es wichtig ist, die Beziehungen zwischen Kunden, Mitarbeitern und Management richtig zu gestalten;
- warum Sie nicht auf die Chancen verzichten sollten, die das erste Ma(h)l bietet;
- warum Anerkennung so wichtig ist;
- warum Dankbarkeit keine Selbstverständlichkeit ist.

Was Lebensfreude und Glück sind

Lebensfreude ist ein Megatrend, nicht nur bei uns hier in Deutschland, sondern auch in den anderen Wohlstandsgesellschaften überall auf der Welt. Das bestätigen nicht nur die bekannten Trendforscher wie John Naisbitt, Prof. Horst Opaschowski oder Matthias Horx, sondern das sagen auch Ökonomen, Soziologen, Psychologen und Neurowissenschaftler, die sich mit Glück und Wohlbefinden befassen. Denn Freude, Glück und Wohlbefinden werden meist in einem Atemzug genannt und synonym verwendet.

Noch vor ein paar Jahrzehnten standen materielle Dinge und Statussymbole deutlich höher im Kurs. Heute ist es zum Beispiel so, dass die Bewohner von großen Städten immer öfter auf den Besitz eines Autos verzichten. Nicht, weil sie es sich nicht leisten könnten, sondern weil ein Auto in einer Stadt wie New York, London, Paris, Berlin oder Hamburg wenig Nutzen bringt und kaum noch zur Lebensqualität beiträgt.

Offensichtlich hat ein generelles Umdenken eingesetzt, bei dem das Haben immer mehr durch das Sein ersetzt wird. Das Erleben hat eindeutig an Bedeutung gewonnen. Beste Beispiele sind die Mega-Events. Ob es sich nun um den Papstbesuch beim Weltjugendtag in Köln handelt oder um das Public Viewing anlässlich der Fußballweltmeisterschaft. Es ist den Menschen wichtig geworden, gemeinsam mit anderen etwas zu feiern und Dinge zu erleben, die man nicht kaufen kann.

Wir alle wissen sehr genau, was wir fühlen, wenn wir Lebensfreude empfinden, und wir wissen auch, wann wir sie empfinden. Aber es fällt uns schwer, dieses Gefühl in Worte zu fassen. Frage ich die Teilnehmer meiner Seminare, was Lebensfreude für sie bedeutet, dann lautet die erste Antwort immer „wenn meine Familie und ich gesund sind" und die zweite „wenn ich mit Freunden zusammen bin". Natürlich gibt es bei jedem Seminar auch den einen oder anderen Materialisten, der sich Lebensfreude nur im Zusammenhang mit Reichtum und Luxus vorstellen kann.

Tatsächlich entsprechen diese Antworten ziemlich genau den Ergebnissen einer Studie über Glück, Freude und Wohlbefinden, die die Bertelsmann-Stiftung im Jahr 2008 veröffentlicht hat. Auf die Frage „Was bedeutet für Sie Glück?" sagten 87 Prozent, dass die Gesundheit der Angehörigen und die eigene Gesundheit sehr genau auf die Bezeichnung Glück zutrifft. Nur 31 Prozent hielten sich für glücklich, wenn sie sich keine Sorgen über Geld machen müssten.

Bei den Quellen für Glück und Wohlbefinden war es ähnlich. Als Quelle des Glücks bezeichneten 64 Prozent Freunde um sich herum zu haben, 63 Prozent in einer Partnerschaft zu leben und 59 Prozent selbst gesteckte Ziele zu erreichen. Geld kam als Quelle des Glücks überhaupt nicht vor.

Tatsächlich hat die Glücksforschung fünf Formen der Lebensfreude identifiziert, die überall auf der Welt Gültigkeit haben, wenn die Grundbedürfnisse des Lebens gesichert sind.

Es gibt fünf Formen der Lebensfreude:

* gelungene Beziehungen zu anderen Menschen,
* positive Überraschungen,
* genussvolle Momente,
* nichtkäufliche Erfahrungen und Erlebnisse sowie
* die Zufriedenheit mit dem eigenen Tun und den eigenen Entscheidungen.

Gelungene Beziehungen

Die erste Form der Lebensfreude kann man mit „gelungene Beziehungen zu anderen Menschen" bezeichnen. Das betrifft zunächst einmal die direkten Angehörigen, das Elternhaus, die Partnerschaft und Freunde. Aber es ist uns wohl darüber hinaus ganz wichtig, dass auch die Beziehungen zu anderen Menschen, denen wir nicht emotional so nahe stehen, gelingen.

Das sind unsere Kunden und Gäste, unsere Kollegen und Vorgesetzten, aber auch Zufallsbegegnungen wie zum Beispiel bei einem Anruf in einem Callcenter oder mit Menschen, die im Bus oder der Bahn neben einem sitzen. Werden wir angelächelt, lächeln wir zurück, oder umgekehrt. Es ist doch tatsächlich selten, dass man auf Menschen trifft, die einen mit versteinerter Miene anstarren oder den Blick abwenden. Offensichtlich fühlen sich diese nicht wohl oder es fehlt ihnen zumindest im Moment an Lebensfreude.

Positive Überraschungen

Die zweite Form der Lebensfreude stellen positive Überraschungen dar. Solche positiven Überraschungen können tatsächlich zufällig entstehen, sie können aber auch von anderen Menschen gewollt und geplant sein. Das fällt dann in den Aufgabenbereich von uns Dienstleistern. Positive Überraschung ist alles das, was uns zum Lachen oder wenigstens doch zum Lächeln bringt. Am größten sind diese Überraschungen dort, wo man sie am wenigsten erwartet.

Als ich zum ersten Mal meine neu gekaufte Skijacke anzog, fand ich in einer Seitentasche ein kleines Tütchen. Es war ein „Instant-Glühwein" mit einer kleinen Nachricht von meinem Sportgeschäft. Das hatte ich nicht erwartet.

Genussvolle Momente

Die nächste Form der Lebensfreude sind genussvolle Momente. Wann können wir etwas genießen? Doch nur, wenn wir entspannt sind. Ein Eis an einem heißen Sommertag oder ein kühles Bad im Meer oder in einem See, Sonnenschein bei einem Winterspaziergang, eine leckere Brotzeit, wenn man nach einer Wanderung den Gipfel erreicht hat. Oder welche genussvollen Momente fallen Ihnen jetzt ein? Es müssen weder besonders große noch besonders teure Dinge und Ereignisse sein, die uns einen Genuss bescheren und uns ein Gefühl des Wohlbefindens und vielleicht sogar des Glücks vermitteln.

Nichtkäufliche Erfahrungen

An diese genussvollen Momente schließt gleich die nächste Form der Lebensfreude an, nämlich die nichtkäuflichen Erfahrungen und Erlebnisse. Wenn man zum Beispiel zufällig einen alten Freund, den man seit Jahren nicht gesehen hat, in der Fußgängerzone einer anderen Stadt trifft. Aber natürlich können solche nichtkäuflichen Erfahrungen und Erlebnisse auch wiederum von Dienstleistern herbeigeführt werden. Der Besuch eines Museums, wenn es für andere geschlossen ist, die Erlaubnis, hinter die Bühne eines Theaters zu treten und mit dem Star des Abends ein paar Worte zu wechseln oder vielleicht Tiere in freier Wildbahn zu beobachten, die man sonst nicht zu Gesicht bekommt.

Ein Freund hat mir einmal davon berichtet, wie enttäuscht er von einem Luxusurlaub war, bei dem man wirklich alles kaufen konnte. Um an einer Dschungeltour teilnehmen zu können, hatte er sich extra das richtige Schuhwerk und mückendichte Kleidung besorgt. Aber wie lief diese Dschungeltour ab? Man bestieg einen klimatisierten Bus und wurde auf asphaltierten Straßen durch eine Landschaft gefahren, die mit Dschungel nur wenig zu tun hatte.

Zufriedenheit mit dem eigenen Tun

Eine der wichtigsten Formen der Lebensfreude ist etwas, das einem andere Menschen nicht verschaffen können: die Zufriedenheit mit dem eigenen Tun und den eigenen Entscheidungen. Zu wissen, dass man das Richtige richtig gemacht hat, verschafft einem ein Wohlbefinden, das kaum mit etwas anderem zu vergleichen ist. Der amerikanische Psychologe Mihaly Csikszentmihalyi beschreibt diese Erfahrung als „Flow". Dieses Gefühl der Zufriedenheit, dass alles stimmt, kann zu einer ungeheuren Antriebskraft werden, weil man es, wenn man es einmal erlebt hat, immer wieder erleben möchte.

> **Das Gefühl der Zufriedenheit mit dem eigenen Tun und den eigenen Entscheidungen kann zu einer ungeheuren Antriebskraft werden.**

Lebensfreude als Ziel des Service-Kamasutra

Was bedeutet diese Liste der fünf Formen der Lebensfreude nun im Rahmen des Service-Kamasutra?

Als Dienstleister werden wir wohl kaum Lebensfreude an unsere Gäste und Kunden vermitteln können, wenn wir uns einzig und allein auf den Kernbereich unserer Aufgaben konzentrieren. Wir sollten uns bemühen, möglichst in jeder Situation einen oder vielleicht sogar mehrere Aspekte der Lebensfreude anklingen zu lassen. Das erfordert in der Regel keinen großen Aufwand. Häufig sind es sogar kleinste Kleinigkeiten, die andere als unwichtig und nebensächlich abtun, die im Laufe der Zeit Wirkung entfalten.

> **Bemühen Sie sich, möglichst in jeder Situation einen oder mehrere Aspekte der Lebensfreude anklingen zu lassen.**

Nehmen wir ein Beispiel, das viele als banal empfinden werden: Ein Kunde betritt den Schalterraum einer Bank oder Sparkasse, geht zum Schalter und möchte eine Bareinzahlung auf sein Konto tätigen. Der formale Ablauf ist wie folgt: Der Kunde nennt seine Kontonummer, reicht sein Geld über den Tresen, der oder die Bankangestellte zählt es, druckt eine Quittung aus und händigt diese dem Kunden aus. Fertig. Viele werden sich fragen, wie soll dabei Lebensfreude vermittelt werden?

Ich überlege jetzt, kann man eine Beziehung zu dem Kunden herstellen? Ist der Kunde in dieser Filiale bekannt oder nicht bekannt? War er gestern gerade da, war er schon lange nicht mehr da oder war er noch nie in dieser Filiale? All das bietet für den Bankberater einen Anknüpfungspunkt für eine persönliche Bemerkung. „Schön, dass Sie zu uns kommen." Ein Lächeln, ein positiver Augenblick, keine leeren Worthülsen, sondern einfach zeigen, dass man es ehrlich meint mit dem Kunden.

Der Kunde wird Beziehungsfragen weder als Belästigung noch als penetrante Ausfragerei interpretieren, sondern darin höchstwahrscheinlich ein Interesse an seiner Person sehen. Es entsteht eine Beziehung, die über den eigentlichen Anlass seines Besuches hinausgeht.

Wie wäre es dann mit einer kleinen positiven Überraschung? Auf vielen Schaltern stehen Schalen mit Bonbons. Man darf sie nehmen, aber ich habe es bisher nur sehr selten erlebt, dass sie bewusst angeboten wurden. Wie wäre es, wenn im Sommer erfrischende Fruchtbonbons dort stehen würden und im Winter vielleicht Erkältungsbonbons? Wie wäre es, wenn man alle vier Wochen die Sorten wechselt? „Es ist heute so heiß. Möchten Sie ein erfrischendes Fruchtbonbon nehmen?" Oder „Bei diesem Wetter sollten Sie ein Halsbonbon nehmen, dann bekommen Sie nicht so leicht eine Erkältung". Aber so weit muss man ja gar nicht gehen. „Wir haben jetzt eine andere Sorte von Bonbons. Haben Sie die schon probiert?"

So kommt ein kleines Gespräch zustande, bei dem es um den Menschen und seine Befindlichkeit geht und nicht allein um seine Einzahlung. Man könnte daraus sogar noch einen genussvollen Moment machen. Zum Beispiel „Wir haben für unsere Kunden hausgemachte Pralinen vom Konditor gegenüber bekommen. Möchten Sie die probieren?"

Zu den nichtkäuflichen Erfahrungen könnte bei diesem Beispiel einer Einzahlung aufs Konto auch die Frage gehören „Möchten Sie, dass ich Ihnen Ihre Kontoauszüge ausdrucke?" Vielleicht weiß man, dass der oder die Kundin Kinder hat. Die meisten Finanzinstitute haben kleine Give-aways, die sich an ihre zukünftigen Kunden richten. So etwas unaufgefordert unter dem Tresen hervorzuholen und zu verschenken, ist etwas ganz anderes, als diese Kleinigkeiten einfach auf den Tresen zu legen und zu sagen „Das können Sie mitnehmen, wenn Sie wollen".

Wenn der oder die Angestellte der Bank sich bei jedem Kunden so verhält, wird sich Zufriedenheit mit dem eigenen Tun einstellen, was auch auf die Kunden abstrahlt, und die Dankbarkeit der Kunden wird die Zufriedenheit noch verstärken. Es geht beim Service-Kamasutra also darum, nicht nur Leistungen zu erbringen, sondern diese mit Gefühlen zu verknüpfen und Gefühle zu vermitteln.

Das gilt übrigens nicht nur für die Beziehung zum Kunden, sondern auch zu den Kollegen und für das Verhältnis zwischen Vorgesetzten und Mitarbeitern. Den anderen wahrnehmen, ohne ihm zu nahe zu treten, und dankbar zu sein, dass man nicht nur als Funktionsträger wahrgenommen wurde, ist eine der wesentlichsten Aspekte des Service-Kamasutra.

Es geht beim Service-Kamasutra darum, nicht nur Leistungen zu erbringen, sondern diese mit Gefühlen zu verknüpfen und Gefühle zu vermitteln.

Nur Ergebnisse zählen – auch beim Kamasutra

Ich treffe bei den Teilnehmern meiner Seminare immer wieder auf Menschen, die das Service-Kamasutra missverstehen. Sie glauben, anderen Lebensfreude zu verschaffen sei ein Selbstzweck, ein reiner Akt des Gebens und der Nächstenliebe, bei dem man nichts für sich selbst erhoffen dürfe. Nun, wenn wir Dankbarkeit und Anerkennung spüren, bekommen wir schon etwas sehr Wertvolles zurück. Doch davon allein werden wir unseren eigenen Lebensunterhalt nicht bestreiten können.

> **Wir müssen die drei Elemente Dharma, Artha und Kama im Gleichgewicht halten.**

Das Kamasutra lehrt uns, die drei Elemente Dharma, unseren guten Willen, Artha, die wirtschaftliche Vernunft, und Kama, den Spaß an dem, was wir tun, im Gleichgewicht zu halten. Wir wollen und sollen also unsere Arbeit nicht nur gut tun und Spaß daran haben, sondern damit auch Geld verdienen. Beachten wir diesen letzten Punkt nicht, wird unser Leben in ein Ungleichgewicht kommen und wir werden im Endeffekt unzufrieden sein.

Artha, die wirtschaftliche Vernunft, ist allerdings kein Vorwand für grenzenlose Gier, sondern funktioniert nur dann, wenn sie das Gleichgewicht von Dharma, Artha und Kama auch bei unseren Gästen und Kunden berücksichtigt. Das Service-Kamasutra baut also auf einem größeren Gleichgewicht zwischen allen Beteiligten, die miteinander in einer geschäftlichen Beziehung stehen, auf. Jeder der Beteiligten muss für sich selbst prüfen, ob das, was er gibt, in einem Gleichgewicht steht zu dem, was er bekommt.

Erst wenn alle Beteiligten hier zu einem weitgehend identischen Urteil kommen, entsteht für alle ein Wertschöpfungskreislauf, der allen mehr Lebensfreude vermittelt. Man kann es auch so formulieren: Geld verdienen macht erst dann Spaß, wenn es kein Selbstzweck ist. Und Arbeit macht erst dann Spaß, wenn sie nicht nur unter der Prämisse des Geldverdienens steht, sondern sowohl der eigenen Lebensfreude als auch der anderer Menschen dient.

> **Geldverdienen macht erst dann Spaß, wenn es kein Selbstzweck ist.**

Unsere Strategie, um mit Lebensfreude Geld zu verdienen

An dieser Stelle möchte ich den bekannten Verhandlungstrainer Frieder Gamm mit einer leichten Abwandlung einer seiner Kernsätze zitieren: „Strategie ist der Sieg der Einfälle in der Vorbereitung über die Zufälle des Alltags". Das heißt, wir müssen zunächst nachdenken, was wir tun wollen, und Ideen dahingehend entwickeln, wie wir es tun wollen. Dann bereiten wir uns entsprechend vor. Dadurch reduzieren wir das Risiko, auf zufällige Ereignisse spontan reagieren zu müssen.

> **Strategie ist der Sieg der Einfälle in der Vorbereitung über die Zufälle des Alltags.**

Dass dennoch bestimmte Dinge zufällig passieren, lässt sich natürlich nicht vermeiden, aber das bereitet uns längst nicht so viel Probleme, als wenn alles, was passiert, unvorbereitet auf uns zurollt. Das beste Beispiel dafür ist eine Speisekarte.

Können Sie sich ein Restaurant ohne Speisekarte vorstellen, in dem der Gast gefragt wird: „Was möchten Sie denn gern essen?" Wahrscheinlich hat der Gast zunächst keine Idee und fragt dann „Ja, was haben Sie denn?". Wenn man eine frische und regionale Küche betreibt, wird man weder alle Fleisch- und Fischsorten auf Lager haben, noch alle Gemüse. Und wenn man das doch hat, wird es wahrscheinlich nicht frisch, sondern eingefroren sein.

Kein Koch, der Qualität anstrebt, überlässt also seine Arbeit den zufälligen Wünschen der Gäste. Und wenn er es doch tut, wird er wahrscheinlich mehr Enttäuschungen als Erfolge erleben. Denn, um auf Nummer sicher zu gehen, werden viele Gäste ein Gericht vorschlagen, von dem sie ausgehen, dass es verfügbar ist, zum Beispiel Kartoffelsalat mit Würstchen oder Currywurst mit Pommes frites. Eine Küche ohne Einfälle in der Vorbereitung wird also wahrscheinlich schnell auf das Niveau einer Imbissbude herabsinken. Wir sehen also, wie wichtig Einfälle in der Vorbereitung sind, um mit Einzigartigkeit Erfolg zu erzielen.

Eine Strategie braucht Ziele

Jede Strategie besteht darin, ein ganz bestimmtes Ziel mit geplanten Handlungen und unter Berücksichtigung der verfügbaren Mittel und Ressourcen anzustreben. Unsere Strategie ist, dass wir innerhalb eines bestimmten Zeitraums im Bereich Kundenzufriedenheit um zehn Prozent besser werden wollen. Manche fragen, „warum nur zehn Prozent und nicht zwanzig Prozent?" Meine Antwort lautet dann, zehn Prozent reichen und lassen sich auch erreichen.

> **Ziele dürfen weder zu hoch noch zu niedrig gesteckt werden.**

Werden die Ziele zu hoch gesteckt und dadurch unerreichbar, frustriert man sich nur selbst und seine Mitarbeiter. Andere fragen, „was heißt denn, besser zu werden?" Um diese Frage beantworten zu können, muss man nach innen schauen. Jeder von uns weiß, was er gut kann, was er nicht gut kann und was er besser machen könnte, wenn er sich etwas mehr Mühe geben würde. Etwas besser zu machen, hat nicht unbedingt etwa mit einem größeren Zeiteinsatz zu tun, sondern mit dem, was wir als Qualität empfinden.

Man kann etwas besser machen, wenn man sich zum Beispiel vornimmt, bestimmte Dinge nicht zu vergessen. Man kann auch etwas besser machen, indem man sich selbst kontrolliert oder indem man sich an vorgegebenen Regeln oder einer vorgegebenen Ordnung orientiert. Hier kommt der kontinuierliche Verbesserungsprozess ins Spiel.

SMART ist zwar eine alte Regel für die Zieldefinition, sie funktioniert aber tadellos. SMART steht für Spezifisch, Messbar, Akzeptiert/Attraktiv, Realistisch, Terminiert. Ein Beispiel: Wir wollen bis zum 31.12.20xx (terminiert) die Zufriedenheit der Kunden im Bereich Wartezeiten gegenüber dem Vorjahreswert von 74 Prozent um fünf Prozentpunkte verbessern (spezifisch und messbar). Ob dieses Ziel akzeptiert wird und realistisch ist, muss jeder für sich selbst entscheiden.

Wenn die Mitarbeiter Ziele selbst definieren, dann ist bei ihnen eine intrinsische Motivation vorhanden, diese Ziele zu erreichen. Sie entwickeln Stolz und Ehrgeiz bei der Umsetzung. Handelt es sich aber um ein vorgegebenes Firmenziel und damit um eine extrinsische Motivation, erwarten die Mitarbeiter eine Belohnung für ihre Anstrengungen.

> **Um besser zu werden, müssen Sie nicht unbedingt Geld investieren. Meist liegt das größte Verbesserungspotenzial im Menschen selbst.**

Man schaut sich bestimmte Abläufe an und die damit erzielten Ergebnisse. Egal wie gut man schon ist, man wird immer etwas finden, was sich schneller, einfacher oder vielleicht auch mit anderen Mitteln effizienter machen lässt. Manchmal muss man, um besser zu werden, Geld investieren. Aber allein die Investition, zum Beispiel in einen schnelleren Computer, einen größeren Bildschirm oder einen leistungsfähigen Drucker, macht unsere Büroarbeit nicht unbedingt besser. Meist liegt das größte Verbesserungspotenzial im Menschen selbst.

Aber unsere Strategie sieht nicht nur vor, besser zu werden, sondern wir wollen auch unsere Leistung dadurch steigern, dass wir zwanzig Prozent mehr Aktivitäten in den Vertrieb und ins Marketing stecken, aber – und das ist besonders wichtig – auch in unsere Kundenbeziehungen. Dadurch, dass wir um zehn Prozent besser werden, bekommen wir genügend Freiraum, um in eben diesen Bereichen unsere Leistung um zwanzig Prozent zu steigern. Das Ziel unserer Strategie ist natürlich der wirtschaftliche Erfolg, weil er uns Sicherheit und die Möglichkeit zu weiterem Wachstum gibt.

> **Überlegen Sie, was Sie an Ihrem Arbeitsplatz oder in Ihrem Unternehmen alles besser machen könnten und was wäre, wenn Vertrieb, Marketing und Kundenbeziehungen mehr Aufmerksamkeit erhielten.**

Gästeangeln leicht gemacht ...

Ich weiß nicht, ob Sie etwas vom Angeln verstehen oder nicht. Das ist hier auch gar nicht so wichtig. Ich werde Ihnen jetzt auch nicht mit dem Spruch kommen „Der Köder muss dem Fisch schmecken und nicht dem Angler". Das halte ich nämlich für falsch. Hier wird eine Distanz zwischen uns und unseren Gästen aufgebaut, die ich nicht für richtig halte und auch nicht schätze. Gäste und Kunden sind Gäste und Kunden und keine Fische. Schließlich geht ein Angler mit den gefangenen Fischen nicht partnerschaftlich um und sieht sich auch nicht mit ihnen auf Augenhöhe.

Wo sind die Fische? Das ist eine Frage, die sich Angler immer wieder stellen. Bei uns jedoch lautet die Frage, wo sind die Gäste, wenn sie nicht bei uns sind? Gibt es hier vielleicht gar keine Gäste oder Kunden, die für uns infrage kommen? Ist der Standort falsch gewählt? Oder fehlt die Verkehrsanbindung? Sind alle anderen Gastronomen, Hoteliers oder Wettbewerber um mich herum so viel besser und attraktiver, als ich es bin?

Ich erinnere mich, dass ich vor vielen Jahren direkt gegenüber des Klosters Andechs mit seiner Klosterbrauerei und den Klosterstuben, in denen man nicht nur das Bier, sondern auch hervorragende Produkte aus der Region probieren konnte, ein indisches Restaurant gesehen habe. Ob es heute noch dort ist, weiß ich nicht. Ich habe mich jedenfalls gefragt, welche Gäste will sich der Betreiber des indischen Restaurants angeln? Der Ort Andechs ist nicht besonders groß, aber es gibt neben dem Kloster-Restaurant im Ort und auch in den Nachbarorten noch einige Wirtshäuser, in denen man wirklich gut essen kann.

Wollen die Touristen, die zum Kloster Andechs kommen, ob nun im privaten Pkw oder gleich in Busladungen, indisch essen oder haben sie nicht doch anderes im Sinn? Ich habe bis heute keine Antwort, aber das indische Restaurant sah einsam und verlassen aus, während sich im Kloster gegenüber die Massen drängten. Jedenfalls wird sich der Inhaber des indischen Restaurants bei der Standortwahl etwas gedacht haben, und wissen, auf welche Gäste er zählen kann.

Aber was ist, wenn nicht Welten zwischen den Betrieben in einer Region liegen? Dann muss ich die Frage anders stellen. Warum sind die Gäste woanders, wenn sie nicht bei mir sind? Liegt es an der Bekanntheit? Machen die anderen ein besseres Marketing? Liegt es an der Qualität? Liegt es an den Preisen? Oder liegt es an der Atmosphäre, beginnend beim äußeren Eindruck bis hin zur Tischdekoration, die mich von den anderen unterscheidet? Oder liegt es vielleicht an meinen Mitarbeitern?

Wenn ich auch da keine Unterschiede zu erkennen vermag, muss ich mir unter den eben genannten Punkten wahrscheinlich doch einmal den Punkt Marketing genauer anschauen. Denn gerade hier sind es manchmal sehr feine Stellschrauben, an denen man drehen muss, um den Erfolg in Gang zu setzen.

> **Beantworten Sie folgende Frage: Wo sind die Gäste oder Kunden, wenn sie nicht bei uns sind, und warum?**

Kreativität ist machbar

Eine meiner Grundregeln lautet: Kreativität ist machbar, auch wenn dies von vielen Menschen immer wieder abgestritten wird. Der Ausgangspunkt für jede Form von Kreativität im Dienstleistungsbereich ist die eigene Identität. Sie setzt sich zusammen aus einem Leitbild, also Visionen und Werten, aus Spielregeln, die wir selbst befolgen und die auch unsere Mitarbeiter befolgen sollen, und unserer eigenen Authentizität. Ein Winzer aus Leidenschaft sollte kein Brauhaus eröffnen und ein Vegetarier keine Metzgerei.

Es gibt tatsächlich viele Dienstleister, die sich für die Gründung ihres Unternehmens nur deshalb entschieden haben, weil sie der Meinung waren, damit auf leichte Weise viel Geld verdienen zu können oder weil sie „erblich vorbelastet" sind und mit den Worten groß wurden „das machen wir alles nur für Dich". Danke. Solange sie noch rechtzeitig merken, dass sie auf dem falschen Weg sind, ist es gut. Manchmal merken sie es erst zu spät nach großen Verlusten oder wollen es einfach nicht merken und haben ein Unternehmen, bei dem sie zum Leben zu wenig und zum Sterben zu viel verdienen.

Ein Bekannter hat mir von einem Gastronomen erzählt, der sein Lokal nach Pfingsten von heute auf morgen geschlossen hat. Warum? „Zu Pfingsten war der Laden jeden Tag randvoll und wir mussten arbeiten ohne Ende. Auf einmal wurde mir klar, das will ich gar nicht. Ich möchte eigentlich auch lieber gemütlich an einem der Tische sitzen und das Leben genießen", war seine Begründung. Gut, das ist eine klare Entscheidung. Und noch besser, dass er dazu steht und nicht lustlos und mit griesgrämigem Gesicht seine Gäste bedient.

Nur wer seine Aufgabe mit Leidenschaft erfüllt, wird darin erfolgreich sein. Viele Unternehmer, die ihr Hobby zum Beruf gemacht haben, wurden sehr erfolgreich, denn sie arbeiteten mit Hirn, Herz und Leidenschaft,

Der Preis als Marketinginstrument

Bevor ich über die verschiedenen neuropsychologischen und betriebswirtschaftlichen Aspekte der Preisbildung und Preisgestaltung spreche, möchte ich Folgendes vorausschicken: Zuallererst kommt es darauf an, dass Ihr Produkt oder Ihre Dienstleistung bei Ihrem Gast oder Kunden ein Begehren weckt. Er muss das, was Sie anbieten, haben oder erleben wollen.

Wenn es Ihnen dann gelingt, die mit Ihrem Angebot verbundenen Erwartungen zu übertreffen, lösen Sie bei Ihrem Kunden oder Gast Begeisterung aus. Der Preis spielt dann im Verhältnis zu den Erwartungen eine nachgeordnete Rolle. Oder, um es einfacher zu sagen, Ihr Produkt oder Ihre Dienstleistung muss Ihrem Gast oder Kunden gefallen und nicht der Preis. Das optimale Produkt zum bestmöglichen Preis!

Wie Preise gemacht werden

Die meisten Menschen sind der Meinung, dass sich der Preis einer Ware oder einer Dienstleistung sozusagen von selbst am Markt bildet. Andere setzen eher auf die betriebswirtschaftliche Kalkulation und betrachten die gesamte Supply Chain von der Rohstoffgewinnung bis zum Endkunden. Ein dritter Aspekt, der heute immer mehr Beachtung findet, ist die psychologische Preisbildung. In der Praxis finden wir von jedem etwas.

Die klassische Wirtschaftstheorie, bei der sich der Preis durch Angebot und Nachfrage bildet, hat zwar immer noch eine theoretische Bedeutung, funktioniert in der Praxis aber nur bedingt, weil man durch Produktdifferenzierung einer Vergleichbarkeit entgegenzuwirken sucht und die Marktteilnehmer meist nur über unvollständige Informationen verfügen. Versuchen Sie doch einfach einmal in einem Elektronik-Supermarkt herauszufinden, welcher der Flachbildfernseher Ihnen tatsächlich das beste Preis-Leistungs-Verhältnis bietet, und überlegen Sie auch bitte, inwieweit dieses Kriterium allein ausschlaggebend für Ihre Kaufentscheidung wäre.

Natürlich spielt in manchen Fällen das Verhalten der Wettbewerber eine Rolle. Das beste Beispiel sind die sogenannten freien Tankstellen, die zumindest in der Regel versuchen, ihre Kraftstoffe ein bis zwei Cent billiger als die nächsten Markentankstellen anzubieten. Ihr Argument ist der Preis und die Aussage, alle Kraftstoffe sind gleich gut. Die Argumente der Markentankstelle lauten, unsere Kraftstoffe sind besser.

Wenn man sich beim Preis nur an den Wettbewerbern orientiert, sollte man auch wissen, welche Strategie sie mit ihrem Preis verfolgen. Geht es ihnen um Gewinn oder um Umsatz und Marktanteile? Der Markt und seine Mechanismen werden gerade bei kleinen und mittelständischen Unternehmen, die sich in einem mehr oder weniger überschaubaren Wettbewerbsumfeld befinden, nicht immer die entscheidende Rolle spielen.

Eine Kalkulation aller Kosten, vom Materialeinkauf bis hin zum Endpreis kann da schon mehr Aufschluss über Stärken und Schwächen und über Veränderungsmöglichkeiten bieten. Eine Unternehmensberatung postulierte schon vor vielen Jahren die These „Im Einkauf liegt der Segen". Wer günstiger einkauft, hat von vornherein Vorteile gegenüber den Wettbewerbern, weil er entweder niedrigere Endpreise hat und/oder höhere Gewinne macht.

Von dieser Unternehmensberatung wurde auch sehr stark die Idee des Design-to-cost-Prinzips vertreten. Das heißt nichts anderes, als dass der Kunde bereit ist, für ein bestimmtes Produkt oder eine bestimmte Dienstleistung mit einer bestimmten Qualität nur einen bestimmten Höchstpreis zu zahlen. Wenn man diese Qualitätsvorstellung mit günstigeren Produkten, vereinfachten Abläufen oder niedrigeren Löhnen erreichen kann, steigt automatisch der Unternehmensgewinn. Diese Idee liegt schon sehr nahe am Prinzip der psychologischen Preisbildung.

Grundsätzlich sind unsere Gäste und Kunden bereit, für starke Marken und für Produkte und Dienstleistungen, die ihre Identität und Selbstwahrnehmung unterstützen, mehr zu bezahlen als für No-Name-Produkte oder Dienstleistungen, die man überall erhalten kann.

Auch die Wahrnehmung des Preises spielt eine Rolle. Nicht ohne Grund enden viele Preise mit einer 9, um nicht vorn eine höhere Zahl erscheinen zu lassen. 19,99 Euro wird als erheblich niedriger empfunden als 20,00 Euro. Preise, die mit einer ungeraden Zahl enden, werden vom Kunden als stärker differenziert wahrgenommen als gerade Zahlen. Der Unterschied zwischen 5,99 Euro und 7,99 Euro erscheint ihnen also größer als der Unterschied zwischen 6,00 Euro und 8,00 Euro. Meist werden auch nur die ersten beiden Zahlen miteinander verglichen.

> **Preise werden von den Kunden unterschiedlich wahrgenommen.**

Eine Preissenkung, die von einer ungeraden zu einer geraden Zahl geht, wird, so haben es Untersuchungen gezeigt, als kleiner wahrgenommen, als es umgekehrt der Fall wäre. Die Forschung hat ebenfalls gezeigt, dass Preiserhöhungen oder Reduzierungen erst dann für den Verbraucher relevant werden, wenn sie die fünf Prozent-Marke überschreiten. Ein Produkt, das sonst einen Euro kostet, gilt also mit 95 Cent als Schnäppchen und mit 96 Cent nicht. Bei Preiserhöhungen funktioniert es genauso.

Diese Preisschwellen werden allerdings nicht bewusst abgerufen, sondern funktionieren unbewusst. Das Gleiche gilt auch für Rabatte und Sonderangebote, die das Belohnungssystem im Gehirn stimulieren und die Kaufbereitschaft fördern. Schon das Wort Sonderangebot vernebelt die realistische Preisdarstellung und unterdrückt den Wunsch zum Preisvergleich.

Dass etwas billiger wird, wenn wir mehr davon kaufen, erscheint uns logisch und selbstverständlich. Insofern wählen wir beim Telefontarif oder beim Internetzugang die Flatrate und freuen uns, wenn es in einem Restaurant ein Buffet zum Festpreis gibt oder das Angebot lautet: „so viel Sie essen können". Auch die Methode „zwei für den Preis von einem" fördert den Umsatz, doch nicht immer die Rendite.

Zwei Aspekte sind für die Kunden bei der Preisgestaltung ebenfalls wichtig. Sie wollen Klarheit darüber, was ein Produkt oder eine Dienstleistung am Ende kostet, nur so können sie Vergleichbarkeit herstellen, was bei den Aufpreislisten mancher Autohersteller keineswegs immer der Fall ist. Und sie wollen Preisehrlichkeit. Das heißt, wenn zum Beispiel Kostenvoranschläge gemacht werden und der Kunde auf dieser Grundlage Entscheidungen fällt, dann sollten diese Voranschläge zumindest realitätsnah sein.

> **Der Kunde wünscht sich Preisklarheit und Preisehrlichkeit.**

Warum Preise für uns so wichtig sind

Dass der Preis eine ganz direkte Auswirkung auf den Gewinn hat, kann jeder in seinem eigenen Betrieb nachrechnen. Ich habe bei mir festgestellt, dass eine Senkung der Personalkosten um ein Prozent einen Mehrgewinn von 4,09 Prozent ergeben würde. Die Senkung der Warenkosten um ein Prozent ergibt 4,05 Prozent mehr Gewinn und die Erhöhung der Auslastung um ein Prozent führt zu einer Gewinnerhöhung um 6,3 Prozent. Wenn ich allerdings meinen Preis nur um ein Prozent erhöhe, erwirtschafte ich einen Mehrgewinn von 12,69 Prozent.

Das Ergebnis liegt auf der Hand. Was rechnet sich am besten, weniger Personal oder geringer bezahltes Personal, Sparsamkeit bei den Produkten? Nein. Lieber guter Service und gute Produkte. Wenn ich dafür einen um ein Prozent höheren Preis verlange, schmerzt es den Kunden nicht, denn er bekommt dafür ja eine anständige Gegenleistung. Und wenn ich mich um eine bessere Auslastung bemühe, nutze ich nur die ohnehin vorhandenen Kapazitäten.

Was sind „sexy Preise"? Als sexy Preise bezeichne ich jene, die der Kunde beim Preis-Leistungs-Vergleich weder als zu hoch ansieht und deshalb ablehnt, noch als zu günstig beurteilt, weil damit meist die Vermutung einhergeht, dass die Leistung objektiv vielleicht nicht so gut war, wie er sie selbst wahrgenommen hat. Es ist für mich also ganz wichtig, die Meinung der Kunden zum Preis-Leistungs-Verhältnis zu erfahren. Wenn dieses dann eben vom Kunden als zu gut beurteilt wird, korrigiere ich die Preise nach oben. Natürlich muss man das auch tun, wenn die eigenen Kosten steigen.

> **Es ist ganz wichtig, die Meinung der Kunden zum Preis-Leistungs-Verhältnis der angebotenen Produkte und Dienstleistungen zu erfahren.**

Weniger zweckmäßig ist es aus meiner Sicht, wenn sich kleine und mittelständische Unternehmen an der Bundesbahn orientieren und zu einem festgesetzten Zeitpunkt einmal pro Jahr an den Preisen drehen. Nur vom eigenen Gefühl auszugehen, halte ich auch nicht für so zweckmäßig. Ich empfehle daher allen, sich bei ihren Kunden und Gästen zu informieren, wie sie Preis und Leistung wahrnehmen, und dies in Verbindung mit betriebswirtschaftlichen Daten zur Grundlage von Preisentscheidungen zu machen. Sind die Kunden oder Gäste grundsätzlich mit den Leistungen unzufrieden, sollte man natürlich lieber bei den Leistungen etwas verändern und verbessern, als die Preise zu senken.

Die eigenen Zielgruppen kennen und verstehen

Speziell große Markenartikelunternehmen geben viel Geld dafür aus, die eigenen Zielgruppen nicht nur zu definieren, sondern sie auch zu verstehen. Dabei bedienen sie sich sowohl der Milieu-Studien, die das Sinus-Institut bereits seit drei Jahrzehnten erstellt, als auch der Limbic® Types von Dr. Häusel.

Die Sinus-Milieus unterteilen die deutsche Gesellschaft in unterschiedlich große Gruppen, die Milieus genannt werden und die sich nach ihrer Grundorientierung unterscheiden:

- „festhalten und bewahren",
- „haben, genießen und verändern" und
- „machen, erleben, Grenzen überwinden".

Zudem unterscheiden sie sich auch nach ihrer sozialen Lage:

- „Unterschicht und untere Mittelschicht",
- „mittlere Mittelschicht" und
- „obere Mittelschicht/Oberschicht".

Die Limbic® Types von Dr. Häusel unterscheiden sich, wie schon zu Beginn des Buches dargestellt, nach der Ausprägung ihrer Emotionssysteme.

Wie gehen nun kleine und mittelständische Unternehmen bei der Definition ihrer Zielgruppen vor? Meist sind sie sehr pragmatisch, indem sie einfach ihre Bestandskunden betrachten. In einem Restaurant können das zum Beispiel um die Mittagszeit Mitarbeiter aus den umliegenden Unternehmen sein, die über keine Kantine verfügen. Diese Kundengruppe kommt wahrscheinlich auch noch gelegentlich nach dem Arbeitsende, wenn sich Kollegen gemütlich zusammensetzen wollen, etwas feiern oder erleben möchten.

Die nächste Gruppe können Geschäftsleute sein, die auf Reisen sind und sich mit ihren Geschäftspartnern zum Mittagessen treffen oder die am Abend, nachdem sie sich ein Hotelzimmer genommen haben, allein etwas essen. Geschäftsleute treten allerdings häufig auch in Gruppen auf, wenn in der Stadt oder der Region Tagungen, Kongresse, Konferenzen, Meetings oder Messen durchgeführt werden. Als weitere Zielgruppen für Gastronomen kommen in Betracht: Wochenendurlauber oder ältere, aktive Leute, die auf Reisen sind, aber natürlich auch Familien und Jugendliche.

Bei der Beschreibung seiner Zielgruppen muss man allerdings sehr genau aufpassen, damit man nicht in logische Fallen tappt. Dr. Häusel macht es an einer Zielgruppe, die sehr begehrt ist, deutlich. Die Zielperson ist männlich, älter als 60 Jahre, hat ein Einkommen von mehr als einer Million Euro pro Jahr, ist verheiratet und hat zwei bis drei Kinder. Viele meinen, dass man Personen, die diesen Kriterien entsprechen, in gleicher Weise behandeln kann und sollte. Doch weit gefehlt. In diese Gruppe gehören nämlich sowohl Prinz Charles als auch der Rockmusiker Ozzy Osbourne.

Diese beiden werden sich wie auch die anderen Limbic® Types selbst bei einer ganzen Reihe übereinstimmender Merkmale erheblich durch ihren Denkstil, ihre Sprache, ihre Designpräferenz, ihr Geldverhalten und ihre Wertehaltungen unterscheiden. Dabei spielt für die meisten Menschen nicht nur ihre gegenwärtige Lebenssituation eine Rolle, sondern sie werden auch durch ihre Vergangenheit, die sich besonders in ihrem episodischen und emotionalen Gedächtnis widerspiegelt, geprägt. Wenn ich an meine eigene Vergangenheit denke, erinnere ich mich zum

Beispiel an meine Begeisterung für mein erstes Fahrrad und ich finde Fahrräder auch heute noch ganz toll und interessiere mich dafür.

Ein weiterer wichtiger Punkt, seine eigene Zielgruppe zu kennen und zu verstehen, besteht darin, sich selbst als Bezugspunkt zu nehmen. Je größer die Ähnlichkeit zwischen zwei Menschen ist, desto eher werden sie sich sympathisch finden. Und wenn man einen anderen sympathisch findet, wird man gern dessen Kunde oder Gast sein wollen. Meine Wunschzielgruppe sieht deshalb wie folgt aus: Es sind Querdenker, die Abwechslung suchen und Wertschätzung kennen. Für gute Produkte sind sie auch bereit, etwas mehr zu bezahlen. Sie schätzen Gastfreundschaft und verzeihen auch schon einmal Fehler. Überlegen Sie doch jetzt bitte einmal, welche Kunden oder Gäste Sie sich wünschen.

Kunden und Gäste wünschen Anerkennung

Viele Leserinnen und Leser werden jetzt vielleicht irritiert sein. Kunden und Gäste wünschen Anerkennung? Wofür denn Anerkennung? Haben Sie irgendetwas geleistet? Wir waren es doch, die für den Kunden eine Dienstleistung erbracht haben. Wir haben uns Mühe gegeben. Und der Kunde brauchte nicht mehr zu tun, als zu bezahlen. Wir haben doch nicht von ihm gefordert, dass er sich selbst das Essen aus der Küche holt oder sein Bett macht. Wir haben in der Autowerkstatt auch nicht erwartet, dass er dem Mechaniker zur Hand geht oder dem Handwerker beim Abladen des Lkw zu Hause hilft.

Vielleicht mussten wir uns manchmal bei unseren Gästen und Kunden entschuldigen, wenn etwas nicht so gut geklappt hat, wenn etwas vergessen wurde oder zu lange dauerte. Aber sich zu entschuldigen, ist doch etwas ganz anderes, als Anerkennung zu zeigen. Das ist richtig. Für mich ist es eine Selbstverständlichkeit, dass man sich entschuldigt, wenn man einen Fehler gemacht hat. Aber darum geht es gar nicht. Dass wir Serviceleistungen erbringen, die den Kunden zufriedenstellen oder ihn möglichst begeistern, ist für uns und für den Kunden eine Selbstverständlichkeit. Darüber sollten wir hier nicht nachdenken.

Bei dem Thema Anerkennung geht um den zwischenmenschlichen Bereich. Jeder weiß, dass es unangenehme Kunden gibt, die überzogene und vielleicht sogar unerfüllbare Forderungen stellen, die zu einem späten Zeitpunkt, an dem man nicht mehr nachbessern kann, Mängel rügen, allein mit dem Ziel, den Preis zu drücken, oder die jegliche Umgangsformen missachten. Solche Geschichten kann man immer wieder in der Klatschpresse lesen, wenn Prominente Polizisten oder Kellner beschimpfen, handgreiflich werden, randalieren und Restaurants oder Hotelzimmer verwüsten.

Die Auszeichnung „Gast des Monats" ist nicht käuflich

Doch zwischen solch unangemessenem Verhalten, das auf jeden Fall sanktioniert werden muss, dem üblichen Verhalten, das sich in den Bahnen der Normalität bewegt, und dem Verhalten, das Anerkennung verdient, liegen Welten. Für manche Gäste ist das Personal, solange sie es nicht brauchen, einfach nur Luft. Grüße werden nicht erwidert,

Fragen nicht beantwortet und die Worte „bitte" und „danke" sind manchen auch unbekannt. Damit können wir leben.

Wenn meine Mitarbeiter aber spüren, dass sie von einem Gast als Menschen wahrgenommen werden, dass ein Gast auch kleine Dienstleistungen registriert und dass er sich selbst darum bemüht, eine entspannte und freundliche Atmosphäre in seinem Umfeld zu schaffen, dann möchten sie ebenfalls ihre Anerkennung zeigen. Bereits seit 2004 nominieren meine Mitarbeiter, die wir „Schlossgeister" nennen, jeweils den „Gast des Monats". Wir haben in unserem Hotel eine Wall of Fame, an der in Bilderrahmen die Fotos jener Gäste hängen, die wir zum Hotelgast des Monats gewählt haben, wie zum Beispiel Monsieur Robert De la Porte aus Frankreich. Wenn er das nächste Mal ins Hotel kommt, wird er sich freuen, sein Bild zu finden, denn er hat uns extra eines von sich per Mail übermittelt.

Sie fragen sich, wie man bei uns Gast des Monats werden kann? Es ist tatsächlich eine rein gefühlsmäßige Entscheidung der Mitarbeiter, die nicht rational begründet werden kann und muss. Wie ich schon ausführte, haben wir in unserem Kopf zwei Systeme, ein ökonomisches und ein soziales. Die Ehre, Gast des Monats zu werden, kann man sich nicht erkaufen. Das Trinkgeld ist nicht entscheidend – auch wenn es hilft! Aber Trinkgeld darf nicht zur Bezahlung werden, sondern soll „nur" Wertschätzung signalisieren.

> **Trinkgeld darf nicht zur Bezahlung werden, sondern soll Wertschätzung signalisieren.**

Wir haben es schon erlebt, dass Gäste bei ihrem zweiten Besuch in unserem Hause für bestimmte Mitarbeiter ein kleines Mitbringsel aus ihrer Region dabeihatten, eine Dose Kekse oder ein ganz kleines Buddelschiff aus dem Norden der Republik, mit dem sie sich nachträglich für einen Service bedankten, den sie bei ihrem vorhergehenden Besuch bei uns erlebt haben.

Jede Form von Bezahlung zielt auf das ökonomische System im Gehirn und entwertet das, was unter sozialen Aspekten geleistet wurde. Geld, auch Trinkgeld kann gierig machen, aber es begeistert nicht und ersetzt nicht die Wertschätzung, wenn es nicht auch mit einem Lächeln gegeben wird.

Wenn Trinkgeld fest zum ökonomischen System gehört

An dieser Stelle möchte ich einfügen, dass zum Beispiel in den USA Trinkgeld keineswegs nur als Anerkennung betrachtet wird, sondern ein fester Teil des ökonomischen Systems ist und deshalb möglichst hoch ausfallen soll. So gibt es an der renommierten Fachschule der New York Professional Service School einen Kurs für Kellner und Oberkellner, in dem sie unter anderem lernen, wie man das Trinkgeld steigern kann. Immerhin sind ein Prozent aller Amerikaner als Kellner tätig. Das Trinkgeld von Oberkellnern in New Yorker Nobelrestaurants beläuft sich auf rund 75.000 Dollar pro Jahr und stellt so einen erheblichen Teil ihrer Einnahmen dar.

Kellner verstehen sich in den USA weniger als Servicepersonal denn als Verkäufer. Oft sind sie am Umsatz des Restaurants beteiligt. Ihr Ziel besteht deshalb darin, die Gäste dazu zu bringen, so viel Geld wie möglich auszugeben, und gleichzeitig dafür zu sorgen, dass sie noch einmal wiederkommen, um noch mehr Geld da zu lassen. Dieses nur von der Ökonomie getriebene Verhalten entspricht überhaupt nicht meinen Vorstellungen, wie meine Mitarbeiter und ich mit unseren Gästen umgehen wollen und sollen.

Wer schnell zahlt, wird belohnt

Eine ganz überraschende Form der Anerkennung zeigt sich darin, wie wir gegenüber jenen Kunden unsere Wertschätzung zeigen, die die Rechnung nicht nach dem Essen oder bei der Abreise bezahlen, sondern diese als Großkunden, zum Beispiel als Seminarveranstalter, anschließend zugeschickt bekommen. Wird das Überweisungsformular umgehend bearbeitet und nicht wochenlang liegen gelassen oder gar erst nach einer Mahnung bezahlt, schicken wir eine Karte, auf der wir ein herzliches Dankeschön für die „superschnelle" Überweisung aussprechen und sie mit einem edlen Tropfen belohnen, den man bei uns im Lokal genießen kann.

Diese Methode überrascht unsere Kunden wirklich. Dass sich jemand dafür bedankt, dass man selbst zügig bezahlt hat, was eigentlich eine Selbstverständlichkeit sein sollte, wird äußerst positiv wahrgenommen. Außerdem hebt es die „Zahlungsmoral". Haben Sie schon einmal darüber nachgedacht, sich bei Ihren Kunden für eine schnelle Zahlung zu bedanken, anstatt immer nur säumigen Zahlern hinterherzulaufen?

Es kommt mir immer wieder darauf an, richtiges Verhalten ebenso oder vielleicht sogar noch etwas stärker wahrzunehmen als Fehler, die gemacht werden. Nur so kommen wir in eine Spirale des richtigen Verhaltens und sind bereit, immer mehr richtig zu machen.

Richtiges Verhalten sollten Sie stärker wahrnehmen und öfter belohnen.

Ich kann mir vorstellen, dass richtiges Verhalten an vielen Stellen belohnt werden könnte, wo man bisher noch gar nicht darüber nachgedacht hatte. Wenn Tiere in einer Tierarztpraxis pünktlich zur Folgeimpfung kommen, wäre das aus meiner Sicht schon eine Belohnung des Tierhalters wert. Denn es ist für beide gut, den Tierhalter und das Tier.

Auch wenn ein Hausarzt feststellt, dass seine Patientin oder sein Patient die verordneten Arzneimittel genau so eingenommen haben, wie sie sollten, und sich deshalb eine Besserung eingestellt hat, oder wenn sie bestimmte Ernährungshinweise beachten und so vielleicht ihren Blutdruck gesenkt haben, wäre das doch eine Anerkennung wert.

Natürlich ließen sich diese Beispiele unendlich fortsetzen. Wenn jemand sein Auto pünktlich zur Inspektion bringt, anstatt mit ein paar Tausend Kilometern Verspätung, oder wenn der Bankkunde die angeforderten Daten wie Bilanz etc. ohne zweite und dritte Aufforderung abgibt, ein Vermieter eine perfekte und absolut richtige Nebenkostenabrechnung vorlegt, warum sollte nicht auch das anerkannt werden?

Das erste Ma(h)l – das episodische Gedächtnis

Versuchen Sie doch bitte einmal, sich an das Ende Ihrer Schulzeit zurückzuversetzen. Nehmen Sie an, Ihr Lehrer hätte Ihnen die Aufgabe gegeben, einen Aufsatz mit dem Titel „Das erste Mal" zu schreiben. Woran würden Sie sich jetzt erinnern? Wahrscheinlich kommt Ihr Gedächtnis erst langsam in Gang, doch dann fallen Ihnen immer mehr Ereignisse ein, die Ihnen allein deshalb im Gedächtnis haften geblieben sind, weil sie das erste Mal stattfanden.

Manche dieser Ereignisse waren erschreckend oder beängstigend, andere waren Ihnen peinlich und an wieder andere erinnern Sie sich so gern, dass sich selbst heute, Jahre oder Jahrzehnte danach, ein Wohlgefühl in Ihrem Körper breitmacht. Vielleicht ist es aber auch so, dass es nur ein einziges Ereignis gibt, das Ihnen im Zusammenhang mit dem ersten Mal schlagartig ins Gedächtnis kommt. Es ist so wichtig und hat in Ihrer Biografie einen so hohen Stellenwert, dass es zumindest zunächst alle anderen Ereignisse beiseite drängt.

Die meisten dieser Ereignisse, die bei Ihnen mit der Vorstellung vom ersten Mal verbunden sind, werden Sie wahrscheinlich für sich behalten. Sie sind zu persönlich und vielleicht auch zu intim, um darüber vor oder mit anderen Menschen zu sprechen. Andere Ereignisse, die Sie zum ersten Mal erlebt haben und in denen Sie gewissermaßen der Held der Geschichte sind, werden Sie hingegen gern und immer wieder erzählen.

> **Die meisten persönlichen Erfahrungen bleiben unbewusst.**

Das episodische Gedächtnis hat eine unendliche Menge an persönlichen Erfahrungen gespeichert. Einige wenige fallen uns sofort ein, viele können wir uns mit etwas Mühe wieder in Erinnerung rufen, doch die meisten bleiben unbewusst. Dennoch entfalten sie ihre Wirkung. Wie wir uns selbst sehen, unsere Persönlichkeit, ist zumindest zu einem Teil durch das episodische Gedächtnis geformt worden. Was wir mögen, wollen oder können, hat seine Wurzeln dort.

Tatsächlich ist es so, dass Erinnerungen und Erwartungen in denselben Hirnregionen erzeugt werden. Die Zukunft baut auf der Vergangenheit auf und man kann nur das erwarten, was durch die Erinnerungen vorgegeben wird. Deshalb ist es so wichtig, dass das Neue mit dem Bekannten verknüpft wird.

In der Werbung macht man sich dieses Prinzip oft zunutze. Eine Versicherung zeigt zum Beispiel die Vorteile der privaten Altersvorsorge dadurch, dass sie uns ein älteres Ehepaar vorstellt, das sich zum Entsetzen des Sohnes ein Motorrad gekauft hat, um damit Spazierfahrten zu unternehmen. Die Botschaft lautet: „Mit unserer privaten Altersvorsorge kannst du, lieber Kunde, dir die Wunschträume deiner Jugend erfüllen. Man verknüpft das neue Produkt Altersvorsorge mit den Jugendträumen, die im Kopf des potenziellen Kunden schlummern.

> **Unsere Persönlichkeit ist zumindest teilweise durch das episodische Gedächtnis geformt worden.**

Sie spüren wahrscheinlich schon, worauf ich hinauswill: Wenn es Ihnen nicht gelingt, einem neuen Kunden oder Gast beim ersten Mal ein Stück Lebensfreude zu verschaffen, an das er sich gern erinnert, haben Sie eine große Zukunftschance vergeben. Oder erinnern Sie sich an ein Ereignis, das zum zweiten, dritten, vierten oder fünften Mal stattgefunden hat? Sicher nur mit großer Mühe, wenn überhaupt.

Es gibt übrigens eine ganz einfache Methode, herauszufinden, ob der Gast oder Kunde bei Ihnen das erste Mal ist: Fragen Sie ihn einfach. Und wenn er Ihnen antwortet „Ja, ich bin zum ersten Mal hier", dann zaubern Sie eine kleine Überraschung, einen genussvollen Moment herbei, den Sie ganz bewusst mit dem ersten Mal verknüpfen. Ihr Gast oder Kunde soll sich ganz bewusst daran erinnern, wenn er das zweite oder dritte Mal bei Ihnen ist, dass Sie sein erstes Mal zu einem kleinen Höhepunkt haben werden lassen. Bereiten Sie sich also vor.

> **Versuchen Sie einem neuen Kunden oder Gast beim ersten Mal ein Stück Lebensfreude zu verschaffen, an das er sich gern erinnert.**

Ein kleines Geschenk wirkt beim ersten Mal Wunder. Allerdings sollte es kein Werbegeschenk sein. Ein Kugelschreiber, auf dem der Name

Ihrer Firma oder eines Ihrer Lieferanten steht, wird sich kaum so gut in das Gedächtnis Ihres Kunden oder Gastes einprägen wie die kleinen Pixi-Bücher auf den Kindersitzen nach dem Werkstattbesuch oder der „Instant-Glühwein" in der Winterjacke.

Wählen Sie doch etwas mit einer starken emotionalen Komponente. Zum Beispiel ein Büchlein wie „Der kleine Prinz" von Antoine de Saint-Exupéry oder aber einen Reiseführer aus der Region, der nicht in jedem Touristenbüro ausliegt, vielleicht auch ein kleines, nicht zu teures Buch über Wein, gutes Essen oder über das Reisen. Das Thema Reisen ist immer gut, denn es knüpft an eigene Erfahrungen an und ist gleichzeitig mit Emotionen und Sehnsüchten besetzt.

Der erste Eindruck ist entscheidend

Lassen Sie mich jetzt den Schritt vom ersten Mal zum ersten Eindruck machen. Warum ist auch dieser so wichtig? Das Gehirn versucht jede neue Situation in Bruchteilen von Sekunden zu erfassen, um selbst in angemessener Weise reagieren zu können. Es laufen im Kopf uralte unbewusste Programme ab, die darüber entscheiden, ob wir flüchten oder angreifen, ob wir Angst haben müssen oder uns freuen dürfen. Natürlich spielen dabei auch wieder Erinnerungen, die oft weit zurück liegen, eine große und unbewusste Rolle.

Wer sich als kleines Kind vor einem Mann mit Bart oder einem Hund erschreckt hat, wird vielleicht nie bärtigen Männern trauen, ein Grund, weshalb sich in vielen Unternehmen Vertriebsleute immer noch glatt rasieren müssen. Er wird auch nie in seinem Leben eine echte Freundschaft mit einem Hund schließen können. Sie wissen nicht, wie dieser unbewusste Hintergrund Ihres Gastes oder Kunden aussieht, wenn Sie ihm zum ersten Mal begegnen. Deshalb werden Sie sich wahrscheinlich zunächst zurückhalten, bis Sie den Eindruck haben, dass sich das Bild, das er sich von Ihnen macht, gefestigt hat und, so hoffe ich jedenfalls, als positiv empfunden wird.

Genauso können Sie aber auch durch Introspektion, also den Blick in Ihr Inneres, feststellen, worauf Sie selbst positiv oder negativ reagieren. Denn das wird sich nicht nur in Ihrer Mimik, sondern auch in Ihrem Bewegungsablauf spiegeln. Je toleranter Sie selbst gegenüber den verschiedenen Menschentypen sind, desto weniger Probleme werden Sie mit dem ersten Eindruck bekommen. Toleranz lässt sich übrigens trainieren. Dass der erste Eindruck nicht stimmen muss, diese Erfahrung haben wir alle sicherlich schon gemacht. Dass der erste Eindruck aber unser erstes Verhalten steuert, lässt sich kaum vermeiden.

Versuchen Sie ganz einfach herauszufinden, welche Schlüsselreize es bei anderen Menschen sind, die Sie selbst beeinflussen. Ist es die Stimme, ist es die Frisur oder die Kleidung? Es ist zuallererst die Mimik. Die Augen und die Mundpartie können aber durchaus einander widersprechende Informationen geben. Deshalb versuchen Sie nicht, Freundlichkeit vorzutäuschen. Ein lächelnder Mund passt nicht zu einer abweisenden Augenpartie. Sie können Ihre Gedanken steuern. Denken Sie an etwas Positives, und der erste Eindruck, den Sie machen, wird ebenso wie der erste Eindruck, den Sie von dem anderen Menschen erhalten, besser ausfallen.

Die Mimik ist der wichtigste Schlüsselreiz, der Ihr Verhalten gegenüber anderen Menschen beeinflusst.

Was wir suchen, ist der Weg in den Kopf der Kunden. Diesen kann man mit einem großen Werbebudget dadurch erreichen, dass man immer dasselbe wiederholt. Irgendwann hat man es seinen Kunden in den „Kopf gehämmert". Tatsächlich ist es ja so, dass viele Leute bestimmte Werbeslogans oder Werbespots aus dem Fernsehen kennen, ohne aber zu wissen, um welches Produkt es sich handelt. Ihre Kaufentscheidung wird das kaum beeinflussen. Man muss schon viel Geld zur Verfügung haben, um durch ständige Wiederholung ein Produkt so stark im Bewusstsein des Kunden zu verankern, dass er es erinnert. Alle, die nur ein kleines Werbebudget haben, sollten deshalb auf unvorhergesehene einzigartige Erlebnisse setzen, die im episodischen Gedächtnis haften bleiben.

Storytelling und Magic Words

Man kann seine Botschaften, die bei den Kunden oder Gästen haften bleiben sollen, entweder in kleine Geschichten verpacken, das ist das sogenannte Storytelling, oder Magic Words verwenden. Storytelling ist zum Beispiel, wenn wir in unserer Anzeige sagen: „Wenn Sie im Winter Tomaten serviert bekommen, sind Sie nicht bei uns". Hier wird in sehr kompakter Weise eine ganze Geschichte darüber erzählt, was wir tun und warum wir es tun.

Ein Magic Word, das wir gern verwenden, ist der Begriff „Schlossgeister". Einerseits knüpft er sowohl an den Namen des Hotels an als auch an die Räumlichkeiten, die der Gast bei uns vorfindet. Schlösser haben Geister, das wissen wir alle. Aber wir wissen auch, dass diejenigen, die Service leisten, oft „gute Geister" genannt werden. Auch diese Assoziation ist in unserem Begriff der Schlossgeister eingebaut. Und wenn diese Schlossgeister sich dann noch etwas Überraschendes und Nettes ausdenken, dann haben wir eigentlich alle Elemente beisammen, um erinnert zu werden.

Sie möchten wissen, warum ich zu Anfang dieses Kapitels das Wort „Ma(h)l" benutzt habe? Ganz einfach deshalb, weil es in einem Restaurant außerordentlich wichtig ist, dass das Mahl beim ersten Mal den Gast begeistert und er sich immer daran erinnert. Das heißt allerdings nicht, dass Sie ihn beim zweiten oder dritten Mahl enttäuschen dürfen.

Wie war ich? Ergebnisse sichtbar machen und Erfolge feiern

Die Wertschöpfung durch Wertschätzung der Mitarbeiter ist ein ganz wichtiges Element des Service-Kamasutra. Um die fünf Grundprinzipien Liebe, Lust, Disziplin, Qualität und Ausdauer nicht nur zu einem Bestandteil der extrinsischen Motivation zu machen, die der Chef gegenüber seinen Mitarbeitern einsetzt, um seine Ziele durchzusetzen, sondern sie zu einem Bestandteil der intrinsischen Motivation werden zu lassen, bedarf es einiger grundsätzlicher Überlegungen.

In vielen Unternehmen erhalten die schlechtesten Mitarbeiter viel mehr Aufmerksamkeit als die besten. Viele Vorgesetzte hoffen, dass sie durch mehr Zuwendung die Arbeitsleistung den Anforderungen des Arbeitsplatzes anpassen können. Die Erfahrung zeigt jedoch, dass es im Grunde genommen wenig bringt, zu versuchen, Menschen, die auf dem falschen Arbeitsplatz sitzen, durch immer neue Schulungs- und Unterstützungsmaßnahmen leistungsfähiger zu machen. Wir müssen einfach akzeptieren, dass manche Schwächen von grundsätzlicher Natur sind, die sich auch nicht durch ein entsprechendes Training beseitigen lassen.

Viel mehr bringt es, nach den Stärken der Mitarbeiter zu suchen und sie dementsprechend einzusetzen. Stärken zu stärken ist unter dem Aspekt der Wertschöpfung eindeutig besser als der Versuch, Schwächen zu beseitigen. Das heißt nicht, dass ein Mitarbeiter, dessen Arbeitsleistung unbefriedigend ist, auch gleichzeitig als wertlos oder unsympathisch betrachtet werden darf. Auch er soll die Chance haben, Erfolg zu erleben, nur eben vielleicht im Rahmen einer anderen Aufgabenstellung.

> **Die Stärken der Mitarbeiter zu stärken ist eindeutig besser als der Versuch, Schwächen zu beseitigen.**

Die Idee, dass es unter den Mitarbeitern ungeschliffene Diamanten gibt, die man nur lange genug schleifen muss, um sie zum Strahlen zu bringen, hat sich in der Praxis nur selten als richtig erwiesen. Vielleicht lassen sich fehlende Kenntnisse erwerben, wenn die entsprechende

Lernfähigkeit, die richtigen Lernmethoden und die Motivation zum Lernen vorhanden sind. Fehlen hingegen bestimmte soziale Normen, orientiert sich intrinsische Motivation an anderen Werten als denen des Service-Kamasutra, lassen sich Korrekturen kaum vornehmen.

Jeder Vorgesetzte sollte sich nicht selbst zum Maßstab aller Dinge machen, sondern versuchen, durch Achtsamkeit und Einfühlungsvermögen die gegebenen Situationen aus der Sicht der Mitarbeiter zu betrachten. Man kann dann sehr schnell zu dem Ergebnis kommen, dass der Mitarbeiter durchaus stolz auf seine Leistungen ist und auf die Frage „Wie war ich?" eine positive Resonanz erwartet, während dem Chef bestimmte Defizite sofort ins Auge fallen.

Das lässt sich gut an einem Beispiel demonstrieren:

Es gibt Reinigungskräfte oder auch Zimmermädchen, die mit großer Hingabe putzen. Aber es fehlt ihnen der Blick für Details. Sie vergessen einfach manche Dinge, die mir sofort ins Auge springen. Hier kann eine einfache Checkliste manchmal schon wahre Wunder wirken. Sie hilft allerdings nicht, wenn die Mitarbeiterin der Meinung ist, dass sie keinen Blick mehr auf die Checkliste zu werfen braucht, weil sie ohnehin weiß, was zu tun ist.

Das Belohnungssystem muss aktiviert werden

Damit ein Mitarbeiter seine Arbeitsergebnisse selbst als positiv empfindet, muss sein Belohnungssystem aktiviert werden. Aus dieser Erkenntnis lässt sich schließen, dass selbst dann, wenn ein Mitarbeiter seine Arbeit nicht so gut gemacht hat, wie man es sich als Chef wünscht, ein kleines Lob ausgesprochen werden sollte. Wurde die Arbeit hingegen sehr gut gemacht, ist auch ein großes Lob fällig. Durch die Aktivierung des Belohnungssystems des Mitarbeiters erreicht man, dass der Grund, weshalb gelobt wurde, besser erinnert wird.

Derjenige, der ein großes Lob erhielt, wird sich bemühen, seine Arbeit in Zukunft noch besser oder zumindest genauso gut zu machen, während derjenige, der nur ein kleines Lob erhielt, den Wunsch entwickelt, in Zukunft besser zu sein, um ein größeres Lob zu erhalten. Jede Führungskraft sollte sich deshalb ein ganzes Repertoire von Formulierungen und Maßnahmen zulegen, um die ganze Palette von kleinen bis großen Belohnungen abdecken zu können.

Selbst ein Tadel, der geringer ausfällt, als es ein Mitarbeiter im Zusammenhang mit einer Minderleistung erwartet, wird von ihm als eine Form der Belohnung empfunden. Grundsätzlich sollte man allerdings darauf achten, dass Tadel nur unter vier Augen und nicht im Beisein anderer ausgesprochen werden sollte, während ein großes Lob durchaus mehr Gewicht bekommt, wenn es vor versammelter Mannschaft ausgesprochen wird.

Jede Form der Belohnung hat bei dem Mitarbeiter eine größere Wirkung, wenn sie für ihn überraschend kommt, also nicht erwartet wurde. Das gilt sowohl für verbales Loben als auch für kleine Geschenke oder gar die Zahlung einer Leistungsprämie. Wichtig ist dabei jedoch, die Einmaligkeit dieser Anerkennung ganz deutlich zu machen, um keine generelle Belohnungserwartung zu erwecken. Man darf nämlich den Gewöhnungseffekt nicht unterschätzen. Wird zu oft gelobt oder belohnt, verändert man die Erwartungen und Vorhersagen des Mitarbeiters, die dann möglicherweise enttäuscht werden, und man verringert den Wirkungsgrad der Belohnung selbst.

> **Überraschende Belohnungen haben eine größere Wirkung als erwartete. Belohnungen sollten nicht zur Gewohnheit werden.**

Um unerwünschtes Verhalten zu korrigieren, ist es sinnvoll, das Verhältnis zwischen einer kleinen Belohnung und einer großen deutlich zu machen oder auch eine kleine Sanktion im Verhältnis zu einer größeren darzustellen. Was nicht gut funktioniert, und das ist neurowissenschaftlich bewiesen, ist eine Belohnung mit keiner Belohnung zu vergleichen oder Bestrafung und Belohnung einander gegenüberzustellen.

Bei Beginn eines Arbeitsverhältnisses kann es durchaus sein, dass ein Mitarbeiter das vertraglich vereinbarte Gehalt und die in Aussicht gestellten Gehaltserhöhungen noch als Belohnung betrachtet. Diese Sichtweise verändert sich allerdings im Laufe seiner Tätigkeit. Gehalt und mögliche Gehaltserhöhungen werden dann nämlich zunehmend als Rechtsanspruch betrachtet. Das gilt übrigens auch für leistungsbezogene Teile der Vergütung.

Niemand sollte glauben, das ein Mitarbeiter sich so verhält wie ein Esel, dem man ein Rübe vor die Nase hält, damit er immer weiterläuft. Zusagen müssen eingehalten werden und es ist ein Gebot der Fairness, lieber keine Zusagen zu machen, wenn man sich als Vorgesetzter nicht sicher ist, diese Versprechen auch einlösen zu wollen.

Viele Chefs glauben, dass sie ihren Mitarbeitern nicht nur Ziele vorgeben müssen, sondern auch exakte Vorschriften, wie diese Ziele zu erreichen sind. Es kommt aber nicht darauf an, dass der Mitarbeiter etwas genau so macht, wie sein Chef es gemacht hätte, sondern, dass das Ergebnis stimmt. Lassen Sie deshalb jeden Mitarbeiter seinen Weg so gehen, wie er es für richtig hält, solange er in der gegebenen Zeit den gewünschten Erfolg erzielt. Erwarten Sie nicht, dass man Sie kopiert, denn jede Kopie ist schlechter als das Original.

> **Es kommt nicht darauf an, dass der Mitarbeiter etwas genau so macht wie sein Chef, sondern, dass das Ergebnis stimmt.**

Das Belohnungssystem in unseren Köpfen reagiert besonders gut auf Reize, die unser „Ich" stärken. Wenn wir also Mitarbeiter fördern und motivieren wollen, müssen wir uns stets darum bemühen, ihre individuellen Seiten zu erkennen, und nicht versuchen, sie in Schablonen zu pressen.

Wenn man Anerkennung und Wertschätzung zeigen möchte, ist es wichtig, dass dies, in welcher Weise auch immer es geschieht, einen Ereignischarakter hat. Das heißt, eine stillschweigende Überweisung einer Prämie auf das Gehaltskonto ist nicht nur für den Mitarbeiter von geringerer Bedeutung, sie hat auch deutlich weniger Wirkung und wird schwächer erinnert, als wenn man ihm im Rahmen einer Veranstaltung öffentlich einen Scheck überreicht.

Fördern und Motivieren sollte also stets in einer öffentlichen Form erfolgen, die für alle Beteiligten, also auch jene, die vielleicht nur ein kleines Dankeschön erhalten, zum Erlebnis wird. Man kann sogar auch noch zu späteren Zeitpunkten an das Ereignis erinnern.

> **Anerkennung und Wertschätzung müssen Ereignischarakter haben und öffentlich erfolgen.**

In vielen Unternehmen wird deshalb zum Ende eines abgelaufenen Geschäftsjahres oder zu Beginn des neuen eine Kick-off-Veranstaltung durchgeführt. Hier werden neue Produkte, Strategien oder Ziele vorgestellt und die Leistungen der vergangenen Monat gewürdigt. Im neuen Geschäftsjahr kann man sich dann immer wieder auf das, was auf der Kick-off-Veranstaltung vereinbart und beschlossen wurde, beziehen.

Das öffentliche Commitment, also die Verpflichtung und Bekräftigung der Mitarbeiter, sich an die von ihnen mitbeschlossenen Ziele zu halten, ist ein ganz wichtiger Teil einer solchen Kick-off-Veranstaltung. Die Betonung liegt auf „öffentliche Verpflichtung". Es ist in unserer Gesellschaft schwierig, in einem Unternehmen wie bei einem Fahneneid gemeinsam Verpflichtungen zu sprechen.

Aber jeder kann sein Versprechen zum Beispiel auf einer Karte schriftlich niederlegen und diese dann an eine Pinnwand heften, wo sie jeder sehen kann. Dabei prägt sich das Schreiben noch besser im Gehirn ein und der Verpflichtungscharakter wird sogar noch größer. Je nach Größe und Art des Unternehmens kann man diese Pinnwand mit den persönlichen Verpflichtungen einen Monat später in den Mitarbeiterräumen aufstellen oder man verteilt Erinnerungsfotos von der Veranstaltung und berichtet über erzielte Zwischenergebnisse.

> **Versprechen in schriftlicher Form haben einen größeren Verpflichtungscharakter, weil sie sich besser im Gehirn einprägen.**

Gerade im Zusammenhang mit einer Kick-off-Veranstaltung, aber auch mit allen anderen Formen des Förderns und Motivierens ist es wichtig, dass man vor der eigentlichen Maßnahme selbst schon Vorabinformationen streut. Das geht in Form einer schriftlichen Einladung, eines öffentlichen Aushangs und auch mit Erinnerungen zwischendurch, dass niemand den Termin versäumen darf.

Es geht um einen kontinuierlichen Veränderungsprozess

Für mich ist der kontinuierliche Veränderungsprozess von großer Bedeutung, um mit der Lebensfreude von Gästen und Kunden Geld verdienen zu können. Manche Veränderungswünsche werden von außen an uns herangetragen, manches ist die Folge gesellschaftlicher Veränderungen, aber viele Veränderungen müssen wir auch selbst entwickeln, um die Liebe und Lust bei unseren Kunden und Gästen am Leben zu erhalten.

Viele Mitarbeiter müssen erst lernen, mit dem kontinuierlichen Veränderungsprozess zu leben. Denn eigentlich gibt niemand gern Verhaltensweisen auf, die ihm in Fleisch und Blut übergegangen sind, die er sicher beherrscht und die ihm bisher Erfolg und damit auch einen kontinuierlichen Strom innerer Belohnung gebracht haben. Veränderungen bedeuten insofern für viele Menschen Schmerzen und bereiten Angst. Manche haben Sorgen, ob sie den neuen Anforderungen gewachsen sind oder nicht. Manchmal fehlt es einfach an Fantasie, was die Veränderung bewirken kann.

> **Es liegt in der Natur des Menschen, dass sie Angst oder Sorge vor Veränderungen haben.**

Man kann keinen Menschen dazu zwingen, selbst etwas Neues zu wollen, sondern man kann ihn nur dazu motivieren, indem man ihm deutlich macht, dass er sich dabei wohlfühlen wird und dass auch er durch das Neue belohnt wird. Jede Veränderung muss so angelegt sein, dass sie eine sichtbare Win-win-Situation für alle Beteiligten bringt. Die besten Veränderungen sind natürlich die, die von den Mitarbeitern selbst entwickelt und vorgeschlagen werden.

Jede Veränderung muss eine Win-win-Situation für alle Beteiligten bringen.

Hier zum Abschluss noch ein Zitat von der amerikanischen Tennisspielerin Martina Navratilova: „Um nach vorn zu kommen und dort zu bleiben, kommt es nicht darauf an, wie gut du bist, wenn du gut bist, sondern wie gut du bist, wenn du schlecht bist".

Dankbarkeit ist keine Selbstverständlichkeit

Dankbarkeit hat in unserer globalen Gesellschaft viele Facetten, die durch Tradition und Kultur ebenso geprägt sind wie durch ökonomische Verhältnisse. Zunächst möchte ich Ihnen aber sagen, wie ich Dankbarkeit verstehe. Dankbarkeit ist für mich die Anerkennung von empfangenem Wohlwollen und empfangenen Leistungen, unabhängig davon, ob ich diese einfordern kann oder nicht.

Dankbarkeit ist für mich ein gutes Gefühl, das ich anderen vermitteln möchte und das, wenn ich es selbst für andere empfinde, mir auch selbst ein gutes Gefühl gibt. Ein Neurowissenschaftler würde wahrscheinlich sagen, dass das Gefühl, anderen dankbar zu sein, mein eigenes Belohnungssystem aktiviert. Dankbarkeit ist für mich also mehr als eine moralische Verpflichtung, die andere von mir einfordern können, ich gebe sie bereitwillig.

> **Dankbarkeit ist ein gutes Gefühl, das ich anderen vermitteln möchte und das mir auch selbst ein gutes Gefühl gibt.**

Natürlich entsteht Dankbarkeit nicht aus dem Nichts heraus, sondern wird durch eine gelungene Beziehung, die mich glücklich macht, angestoßen. Deshalb bin ich meinen Kunden oder Gästen dankbar, dass sie sich für mich, für mein Hotel oder mein Lokal entschieden haben. Durch nichts hätte ich sie daran hindern können, sich anders zu entscheiden. Dankbarkeit beruht also auch auf der Abwesenheit von Zwängen. Aber ich gebe zu, wenn sich ein Gast oder Kunde für mich entscheidet, dann fühle ich mich emotional verpflichtet, den Beweis dafür anzutreten, dass seine Entscheidung richtig war. Das hat nichts mit ökonomischen Zwängen zu tun.

Ich bin meinen Mitarbeitern gegenüber dankbar, dass sie in meinem Unternehmen ihr Bestes geben, wie ich immer wieder feststellen kann. Und ich hoffe, dass auch sie Dankbarkeit dafür empfinden, dass sie hier ihre eigene Leistung, ihre Disziplin und Ausdauer erleben können. Muss jemand dankbar sein? Nein, er muss es nicht. Aber er sollte es, weil er dann nicht nur anderen, sondern auch sich selbst ein emotionales Geschenk macht, das durch nichts zu ersetzen ist. Eine Pflicht zur Dankbarkeit gibt es natürlich nicht.

Jahrelang habe ich von meinen Mitarbeitern erwartet, dass sie wie ein Unternehmer denken. Es war für mich selbstverständlich, dass sie bei hohem Arbeitsanfall Überstunden machen oder bei krankheitsbedingten Ausfällen kurzfristig für den Kollegen einspringen. Sind diese Erwartungen gerechtfertigt? Heute empfinde ich Dankbarkeit, wenn Mitarbeiter dies tun, und meine Zufriedenheit ist deutlich gestiegen. Ich freue mich, wenn Mitarbeiter diesen Einsatz bringen und erwarte es nicht grundsätzlich. Übrigens habe ich auch festgestellt, dass meine Mitarbeiter einen Arbeitsvertrag haben und keinen „Mitgesellschafter-Vertrag".

Ich habe einen Bekannten, der für ein Beratungsunternehmen arbeitete, das sehr erfolgreich die Öffentlichkeitsarbeit eines Verbandes in neue Bahnen gelenkt hatte. Auf der Jahresversammlung waren alle Mitglieder dieses Verbandes, alle Mitarbeiter und auch die Mitarbeiter des Beratungsunternehmens anwesend. Der Vorsitzende pries die Vorteile, die den Verband und seine Mitglieder in einem neuen Licht erscheinen ließen. Er bedankte sich namentlich bei allen, die daran mitgearbeitet hatten.

Dann, zum Schluss, wendete er sich an die Mitarbeiter des Beratungsunternehmens: „Die Einzigen, denen ich nicht danken muss, sind Sie, denn Sie wurden ja schließlich für Ihre Arbeit bezahlt". Das saß. Unter ökonomischen Gesichtspunkten hatte er natürlich recht, aber als Mensch war er eine Niete, was ihm die Mitglieder seines Verbandes durch verlegenes Lachen zu verstehen gaben. Die Folge war, dass er für diesen einen dummen Satz teuer bezahlen musste. Jeder noch so kleine Handschlag wurde jetzt vom Beratungsunternehmen akribisch in Rechnung gestellt und der Strom von Ideen und Vorschlägen versiegte gänzlich.

In der chinesischen Gesellschaft gibt es ein eng geflochtenes Netzwerk aus Beziehungen, das sich Guanxi nennt. Es beruht darauf, dass Gefälligkeiten wie Schulden angesehen werden und durch eine Gegenleistung, die irgendwann eingefordert werden kann, aufgerechnet werden. Diese Schulden können sich über Generationen hinweg anhäufen. Sie sind vererbbar und übertragbar. Es gibt in China sogar Computerprogramme, mit denen sich das Beziehungsnetzwerk und die darin bestehenden Verbindlichkeiten erfassen lassen.

Dankbarkeit besteht bei uns glücklicherweise nicht aus Schulden, die sich unerbittlich einfordern lassen. Allerdings macht sich auch in unserer Gesellschaft ein Anspruchsdenken breit. Der Werbeslogan „Das habe ich mir verdient" ist ein Indikator dafür. Immer mehr Menschen beginnen aufzurechnen, was sie sich verdient haben. Sei es nun eine Pause, ein Urlaub oder mehr Geld. Wenn sie das nicht oder manchmal auch nur nicht sofort erhalten, werden sie darüber nachdenken, wie sie den anderen dafür bestrafen können. Ich hoffe, dass man dieser Haltung mit einem gelebten System von Dankbarkeit entgegenwirken kann und möchte es nur jedem empfehlen.

So finden und binden Sie Ihre Kunden

Lesen Sie in diesem Kapitel ...

- warum Servicemarketing ein Profil braucht;
- welche Rolle die Unternehmerpersönlichkeit spielt;
- warum Standort und Lage wichtig sind;
- was Alleinstellungsmerkmale und strategische Erfolgsmerkmale sind;
- warum die kundenorientierte Produktentwicklung so wichtig ist;
- fünf Schritte zur kundenorientierten Produktentwicklung;
- warum Innovationen unerlässlich sind;
- was bei der Preisgestaltung zu beachten ist;
- welche Grundsätze bei der Auswahl von Werbemaßnahmen zu beachten sind;
- Ideen, wie Sie Kunden und Gäste binden können;
- wie Sie Werbeerfolg messen können;
- Tipps für die Zusammenarbeit mit Agenturen;
- Tipps für die Presse- und Öffentlichkeitsarbeit;
- warum Servicemarketing strategisch geplant werden muss.

Marketing – und ein bisschen mehr

Egal, ob es darum geht, neue Gäste zu finden, Stammgäste zu binden, den optimalen Preis zu ermitteln oder das Komplettmenü zu verkaufen, alles, was wir tun, um unsere Leistungen häufiger oder zu einem besseren Preis zu verkaufen, ist eine Marketingmaßnahme.

Viele Beispiele in diesem Kapitel stammen aus dem Hotel- und Gastronomiebereich – das ist nicht ungewöhnlich bei einem Autor, der gleichzeitig Hotelier und Gastronom ist. Aber selbstverständlich können Sie meine Ideen zum Thema Marketing auch auf andere Bereiche übertragen – lassen Sie sich einfach inspirieren.

Nicht nur im Betrieb selbst wird Marketing gemacht – alles, was unsere potenziellen Gäste und noch Nichtgäste von uns außerhalb unserer Mauern wahrnehmen, ist Marketing. Zum Beispiel die Werbeanzeigen, das Firmenfahrzeug, mein Auftreten beim Empfang des Landrates, Werbebanner an Gebäuden, die Kommentare im Internet über uns, Presseberichte in der Lokalzeitung und das, was der ortsansässige Bäcker anderen über unsere Zahlungsmodalitäten erzählt, gehört zum Marketing, genauso aber auch, wie es beim Lieferanteneingang ausschaut.

Wenn Sie Existenzgründer sind, stehen Sie vor der Herausforderung, neue Kunden und Gäste zu finden, sie aufzuspüren und durch hervorragende Leistungen an Ihren Betrieb zu binden. Wenn es Ihnen sogar gelingt, dass Ihr Gast durch aktive „Mund zu Ohr"-Empfehlung Werbung für Sie macht, dann sind Ihnen noch mehr Kunden und Gäste garantiert. Aber wie macht man richtig Werbung? Was passt für Sie? Und wie sollten Sie denn werben? Diesen Fragen werden wir nun auf den Grund gehen.

Mein Marketing-Modell berücksichtigt nicht nur die Grundprinzipien der aktuellen und anerkannten Marketinglehre, sondern auch Aspekte der Verkaufsförderung, der Mitarbeiterführung und Maßnahmen zur Kundenbindung.

Je nach Unternehmen ist die Relevanz sowie die Anwendbarkeit für den Einzelfall zu bewerten und Sie sollten sich als Unternehmer Ihr persönliches Marketing-Menü individuell zusammenstellen. Eine gute Planung der Maßnahmen und die Erfolgsmessung geben Ihnen Sicherheit in der Anwendung.

Der entscheidende Punkt ist immer die konsequente Umsetzung und wie Sie es gewährleisten, dass am Ende die gewünschten Ergebnisse erzielt werden. Wann werden Sie zum Beispiel die Preise anpassen, nach welchen Kriterien gestalten Sie neue Angebote und wer aktualisiert die Informationen im Internet? Als Unternehmer sind Sie dafür verantwortlich, dass es klare Regelungen für diese Abläufe gibt, dass sie verbindlich definiert sind und entsprechend umgesetzt werden.

Servicemarketing braucht ein Profil

Nehmen wir an, Sie wollen heute Abend mit Ihrer Frau zum Essen gehen, wohin gehen Sie? Zum Italiener mit der super Pasta, oder entscheiden Sie sich eher für Salat im „Walfisch" oder gehen Sie zum Rudi, Ihrem persönlichen Freund?

Ein Profil besteht zunächst aus einem „besonderen Merkmal", ein Erkennungszeichen, das mit Ihrem Betrieb in Verbindung gebracht wird und mit dem Sie sich von Ihren Wettbewerbern abheben.

Machen Sie nicht den Fehler, es jedem recht machen zu wollen. Das führt nur zu einem unklaren, austauschbaren Profil. Der Kunde oder Gast sucht ein auf seine Bedürfnisse zugeschnittenes Angebot. Es muss einen Grund geben, gerade Ihren Betrieb aufzusuchen.

Die Unternehmerpersönlichkeit als besonderes Kennzeichen

Wenn Sie selbst das besondere Kennzeichen des Betriebs sind, ist das im Prinzip gut, denn schließlich ist es Ihr Betrieb. Schlecht ist es jedoch, wenn Sie nur unregelmäßig für die Kunden und Gäste greifbar sind.

Der Wirt in einem gastronomischen Betrieb ist speziell für kleinere Unternehmen einer der wichtigsten und nicht zu unterschätzenden Erfolgsfaktoren. Sollten Sie diese Präsenz im Unternehmen nicht zeigen können oder wollen, ist es umso wichtiger, die „richtigen" Mitarbeiter für Ihren Betrieb einzustellen, die dann Ihre Rolle gegenüber den Kunden und Gästen einnehmen können.

Seien Sie authentisch und ehrlich

Als Vegetarier sollten Sie kein Steakhaus eröffnen und wenn Sie für regionale Küche mit Ihrem Namen garantieren, dann sollte nicht der Tiefkühllaster aus dem Osten vor der Tür stehen.

Entscheidend ist nicht die Verpackung, sondern der Inhalt. Die Übereinstimmung zwischen Konzept und Betreiberpersönlichkeit ist ein wichtiger Faktor der Authentizität. Ein Italiener wirkt als Chef einer Pizzeria glaubwürdiger als ein Deutscher, auch wenn beide gleich gut kochen. Manchmal reicht es schon, den Namen zu wechseln und aus Anton wird Angelo oder aus Peter ein Pierre.

Spezialisierung als besonderes Kennzeichen

Mit der Spezialisierung suggerieren Sie Ihrem Kunden, dass Sie in diesem Bereich besondere Leistungen erbringen beziehungsweise besser aufgestellt sind als andere Unternehmen. Spezialisierungen können nach unterschiedlichen Kriterien gegliedert werden, zum Beispiel

- nach Themen:
  Bio, Design, Tagung, Natur, Hunde, Wellness, vegetarisch, Regionalität;
- nach Produkten:
  Schnitzel, Kartoffelhaus, Sushi, Fisch, Burger, Currywurst;
- nach besonderen Situationen:
  Barrierefrei, schnelle Mittagsverpflegung, Unterhaltungsprogramm
- nach Zielgruppen:
  Familien, Wanderer, Zigarrenraucher, Radfahrer, Singles.

Durch jede Art der Spezialisierung werden Sie Ihren potenziellen Gästekreis verkleinern, denn nicht jeder mag zum Beispiel Sushi, ein Sternelokal oder ein Plüsch-Design-Hotel für Zigarrenraucher. Jedoch werden Sie hierdurch von Ihrer potenziellen Zielgruppe leichter gefunden und durch die klare Gästesegmentierung wird es einfacher für Sie, die Erwartungen der Gäste zu erfüllen.

Vorsicht vor Monokultur! Eine konsequente Spezialisierung ist eine Stärke, sie kann jedoch auch zu einer Schwäche werden. Wenn zum Beispiel der Tagungsmarkt einbricht, haben reine Tagungshotels eine hoffentlich nur vorübergehende „Notsituation" zu meistern.

Ein solches Risiko minimieren Sie durch eine sinnvolle Kombination von mehreren Kunden- und Gästesegmenten. Jedoch sollten Sie darauf achten, dass Sie für jedes Segment optimale Produkte bieten. Ein Tagungshotel, das im Sommer auch Urlauber beherbergt, muss entsprechend vorbereitet sein, um auch die speziellen Erwartungen dieser Gäste zu erfüllen.

Klassifizierung als besonderes Kennzeichen

Auszeichnungen und Klassifizierungen sind weitere Signale für den Kunden oder Gast, um Aussagen über Qualität und Spezialisierung der Leistung zu machen, und sie helfen Ihnen, sich im Markt als Unternehmer zu positionieren.

Neben den klassischen Auszeichnungen, wie Sterne-Klassifizierung, Familienfreundlicher Betrieb, Schmeck den Süden und Gault Millau, zählen hierzu auch Auszeichnungen wie zum Beispiel Cocktailbar des Jahres.

Es gibt eine Vielzahl von Möglichkeiten für Klassifizierungen, doch auch hier gilt, „die Leistung entscheidet, nicht das Siegel".

Welche Rolle Standort und Lage spielen

Das Unternehmenskonzept sollte nicht nur zum Betreiber, sondern auch zum Standort und zum Gebäude passen. Erfolgreiche Gastronomiekonzepte zum Beispiel bilden eine Einheit aus Umfeld, Gebäude, Einrichtung, Betreiber und Angebot. Der Versuch, ein modernes, junges Konzept mit Cross-over-Küche in den traditionellen Räumen eines Landgasthofes zu realisieren, ist gewagt.

Der Erfolg eines Gastronomiebetriebes hängt in der Tat weniger davon ab, ob die Lage gut ist, sondern vielmehr davon, ob das Konzept zum Standort und zur Lage passt. Auch in einer hoch frequentierten Lage kann man mit dem falschen Konzept scheitern. Andererseits gibt es Beispiele dafür, dass man selbst an einem abgelegenen Standort guten Zulauf haben kann, wenn Profilierung und Authentizität gegeben sind. Sollten Sie die Möglichkeit haben, nehmen Sie sich auf jeden Fall genügend Zeit, um den optimalen Standort für Ihr Konzept zu finden.

Die Bedeutung von Alleinstellungsmerkmalen

Der moderne Tagungsraum, Ihr Angebot an Sonderkostformen oder die All-inclusive-Pauschale für Hochzeitsgäste, all diese Leistungen und Angebote sind Alleinstellungsmerkmale. Allerdings sind sie von Mitbewerbern leicht kopierbar.

Strategische Erfolgsfaktoren, die Ihnen niemand nehmen kann

Sie befinden sich mit Ihrer neuen Bar direkt am Strand, am Meer oder am Ufer eines Flusses. Der Blick ist unverbaubar. Nicht nur Touristen und „Sehleute" werden von diesem Ort magisch angezogen, auch die Einheimischen genießen die herrliche Aussicht. Sie betreiben ein Lokal in einem historischen Gebäude, sei es der Rathauskeller oder die Krameramtsstuben in Hamburg. So etwas gibt es in jeder Stadt, aber eben nur einmal. Und selbst wenn man nur den einzigen Imbiss am Fußballstadion hat, diese Merkmale sind von den Mitbewerbern nur schwer zu kopieren und werden deshalb als strategische Erfolgsmerkmale bezeichnet.

Für Ihr Marketing ist es wichtig, solche Alleinstellungs- und Erfolgsmerkmale zu erkennen, weiter auszubauen und entsprechend zu kommunizieren.

Produkte und Leistungen aus Gästesicht

Angebot und Leistung sind in der Dienstleistungsbranche die stärkste Form der Werbung, denn kein Flyer dieser Welt ist langfristig gesehen ein Erfolg, wenn die Leistung nicht stimmt. Deshalb hat die Entwicklung der richtigen Produkte oberste Priorität. Unsere Leistungen müssen den Erwartungen der Kunden und Gäste gerecht werden.

Hier die zwei grundsätzlichen Produkt- und Leistungsbereiche:

Materiell	Immateriell
Ausstattung, Objekt, Geschirr, Bett, Parkplatz, Toilette, Essen ...	Service, Freundlichkeit, Atmosphäre, Aufmerksamkeit, Einfühlungsvermögen ...

Die Praxis zeigt, dass gerade bei Existenzgründungen in der Gastronomie oft zu wenig Zeit auf die Gestaltung und Entwicklung der Speisekarte und der Produkte verwendet wird und sehr häufig die Investitionen nicht in Kernleistungen, wie zum Beispiel im Hotel in Matratzen, überlange Betten etc. fließen, sondern eher in eine schicke Rezeption. Natürlich zählt der erste Eindruck, aber er wird nicht die Erinnerung an eine Nacht überdecken, in der man schlecht geschlafen hat. Ob Toilette oder Freundlichkeit, Ziel ist es, die Erwartungen der Gäste zu erfüllen.

Deshalb muss man aus der Perspektive des Gastes denken. Kunden- und Gästewünsche zu erfüllen, ist die tägliche Aufgabe eines Dienstleistungsunternehmers. Doch die Frage ist, welche Wünsche haben Ihre Gäste? Wer wird Ihre Zielgruppe sein? Welche Gäste werden Sie ansprechen? Jede Zielgruppe hat besondere Wünsche und Erwartungen, die es zu erfüllen oder besser noch zu übertreffen gilt. Versetzen Sie sich in die Lage des Kunden oder Gastes und gehen Sie in dessen Gehirnwindungen spazieren. Achten Sie auf die jeweiligen Anforderungen und Bedürfnisse in der gegebenen Situation. Denken Sie weiter, wo andere aufhören.

Beschreiben Sie Ihre zukünftigen Kunden und Gäste so genau es geht. Zum Beispiel: Firmengäste aus dem mittleren Management, gute Einkommensstruktur, Vielreisende, ausländische Gäste mit hohem Leistungsdruck.

Notieren Sie, was sich solch ein Gast wünschen könnte und welche Erwartungen er hat. Zum Beispiel: Parkmöglichkeit in der Garage, herzliche, aber kurze Begrüßung in gutem Englisch oder möglichst in seiner Landessprache, schneller Check-in, schnelle und zuverlässige Internetverbindung, Minibar zu humanen Preisen, TV-Kanäle in Landessprache, vorbildliche Hygiene im Bad und Zimmer.

In der Szenegastronomie haben wir es mit einem trendigen Publikum im Alter zwischen 18 und 24 Jahren zu tun, das folgende Wünsche und Erwartungen hat: Coole Location, guter DJ, sexy Publikum, trendige Getränke und Gerichte, wechselnde Aktionen, Promotion, Gewinnspiele, Sicherheit, dabei sein, informiert werden, zum Beispiel über facebook oder Qype.

Je genauer Sie Ihre Gäste kennen, umso einfacher wird es sein, deren Bedürfnisse zu erkennen und deren Erwartungen zu erfüllen.

Fünf Schritte zur gastorientierten Produktentwicklung

Zielgruppe
Was ist mein Profil und für welche Gästegruppe will ich mein Angebot erstellen? Landhotel, Freizeit-Radfahrer am Donau-Radweg, unterwegs mit Kindern?

Forschung
Welche Wünsche und Erwartungen haben meine Gäste? Herzliches Willkommen, Fahrradgarage, Trockenräume für Kleidung, Kinder-Willkommens-Geschenk, Tourenempfehlung für den kommenden Tag, Angebot von Gepäcktransport, gefüllte Trinkflasche bei der Abreise, Lunchpaket beim Frühstück?

Realisierung
Was will und kann ich anbieten?
* Füllstation für Trinkflaschen mit Hinweis beim Frühstücksbüffet,
* Reparaturset in unserer Fahrradgarage,
* Tourenempfehlungen und Wettervorhersage am Infoboard?

Kontrolle
Die Zufriedenheit der Gäste beobachten und messen zum Beispiel durch Kommentarkärtchen auf dem Zimmer, direkte Nachfrage oder einen Gästebucheintrag.

Weiterentwicklung
Produkte weiterentwickeln, zum Beispiel bedruckte Trinkflaschen vom Betrieb als Geschenk für Stammgäste, Müsliriegel oder Obst bei der Abreise.

Innovation und Produktentwicklung sind unerlässlich

Investieren Sie regelmäßig Zeit in die Entwicklung von leckeren Rezepturen, unvergleichlichen Angeboten und Produkten, auf die Sie als Unternehmer stolz sind und die Ihre Gäste gerne kaufen.

Damit die Produktentwicklung kein Zufall bleibt, benötigen Sie auch hierbei eine Systematik. Dazu gehören

- die selbstkritische Prüfung der Produkte und Angebote,
- die Gästebewertungen und Kommentare sowie deren regelmäßige Auswertung,
- die Einbindung der Mitarbeiter,
- Verkaufsstatistiken,
- eine Mitbewerberanalyse,
- Benchmarking und, nicht zu vergessen,
- das Trendmonitoring in Fachzeitschriften, im Internet und auf Messen.

Derselbe Gast, aber unterschiedliche Bedürfnisse

Ein stimmungsvoller Abend geht zu Ende. Herr B. verabschiedet sich nach einem ausgiebigen Geschäftsessen von den Servicemitarbeitern des Lokals, bedankt sich, dass alles zu seiner Zufriedenheit war und hält noch einen kurzen Plausch.

Am nächsten Tag beim Mittagessen beschwert er sich, dass das Dessert nicht innerhalb von drei Minuten serviert wurde. Was ist passiert? Nichts. Nur hat Herr B. jetzt am Mittag ein anderes Bedürfnis – er will schnell zurück in die Firma. Zeit ist jetzt Geld und jede Minute, die er warten muss, zählt ganz anders als am Abend zuvor, als Genuss und Entspannung wichtig waren. Derselbe Gast hat jetzt ganz andere Bedürfnisse.

Mein Tipp an Sie: Wenn Sie sich bei einer Neueröffnung nicht in Ihre Gäste hineinversetzen können, dann empfehle ich im Vorfeld der Eröffnung ein ausgiebiges Gespräch mit den „Gästen in spe". Erfahren Sie so viel wie möglich über Wünsche und Erwartungen. Bedenken Sie jedoch, dass Sie nicht alle Wünsche erfahren werden, denn einige verborgene (latente) Wünsche wird der Gast Ihnen nicht verraten.

Die Rolle der Servicemitarbeiter

Die Mitarbeiter am Empfang, im Service oder hinter der Bar sind Ihre Verkäufer und die „Botschafter" Ihrer Leistung. Dieses Potenzial gilt es zu nutzen.

Hierzu gehört aber nicht nur ein entsprechendes Schulungsprogramm, sondern es beginnt bereits mit der Auswahl der richtigen Mitarbeiter und setzt sich mit der Erhaltung der „Lust" am Tun fort.

Hier einige Grundlagen für gute Verkäufer:

- Das Produkt kennen. Foodtastings für Servicemitarbeiter, Weinproben, Cocktailverkostungen oder auch die Nacht im eigenen Hotel beziehungsweise die Massage im hoteleigenen Wellnessbereich sind kein Luxus, sondern Grundlagen für gutes Verkaufen.

- Es gern tun. Erfolgreiche Verkäufer verkaufen gern, haben Spaß daran und wissen, wie es geht. Ihre Aufgabe als Unternehmer besteht darin, dafür zu sorgen, dass Sie gute Verkäufer haben und die „Lust" aufrechthalten. Vereinbaren Sie Verkaufsziele und honorieren Sie den Erfolg: Bei 30 verkauften Desserts am Abend dürfen sich die Mitarbeiter zum Beispiel ein besonderes Personalessen wünschen oder der Verkaufsprofi für Apéros erhält einen Gutschein für ein Abendessen. Probieren Sie es aus, es funktioniert.

Preisgestaltung als Marketinginstrument

Der Preis ist heiß. Das bedeutet nichts anderes, als dass allein der richtige Preis der Schlüssel zur Rendite ist. Wer bestimmt den Preis? Oder präziser gefragt: Wer entscheidet darüber, ob der Preis als angemessen empfunden wird? Der Kunde, der Kunde und noch einmal der Kunde.

Entscheidend für die Durchsetzung eines Preises sind nicht die Kostenstruktur des Unternehmens oder die Preise der Mitbewerber, sondern das, was Ihr Kunde bereit ist, für Ihr Produkt oder Ihre Leistung zu bezahlen.

Allein der Nutzen für den Kunden ist die tatsächliche Grundlage für die Preisgestaltung. Die klassische Kalkulation dient dabei lediglich zur Ermittlung der kostenorientierten Preisuntergrenze.

Folgende Faktoren wirken sich positiv auf das Ausgabeverhalten von Kunden in der Gastronomie aus:

- Einkommen der Gäste,
- Anlass für den Besuch,
- Tageszeit,
- wird privates Geld ausgegeben oder übernimmt eine Firma die Rechnung,
- Ambiente,
- Standort und Lage,
- Image,
- Ausstattung,
- Qualität des Service und der Produkte,
- Sauberkeit.

Es gibt also viele sehr unterschiedliche Faktoren, die das Ausgabeverhalten von Kunden und Gästen fördern oder hemmen. Manche kann man nicht beeinflussen. Aber die anderen können und sollten Sie zu Ihrem Vorteil in die richtige Richtung lenken.

Der Preis hat den höchsten Gewinnmultiplikator und ist somit das wirkungsvollste Instrument zur Verbesserung der Rendite Ihres Betriebes. Die richtige Verwendung von Schwellenpreisen, Preisbandbreiten, psychologischer Preisbildung oder anderer Möglichkeiten der Preispolitik sind unternehmerische Maßnahmen, welche Sie nutzen sollten.

Neue Wege für Verkauf und Distribution entwickeln

Wie kann Ihr Kunde oder Gast bei Ihnen kaufen oder Leistungen buchen? Welche Wege und Möglichkeiten gibt es? Natürlich direkt im Laden, im Lokal und an der Rezeption Ihres Betriebes. Aber kann er auch Online-Gutscheine erwerben, sich einen Termin reservieren lassen oder das Bett für die Nacht über Ihre Homepage buchen? Sind Sie in den gängigen Handwerks-, Dienstleistungs-, Buchungs- und Reservierungsplattformen vertreten, wie HRS, Livebookings, und hotel.de? Nicht zu vergessen und nachahmenswert sind auch die Taktiken und Strategien der „Großen" Ihrer Branche, wie z. B. Direktbesuche in den Firmen, Messepräsenz und Telefonakquisition.

Verkaufsförderung im Detail

Wer kennt sie nicht, die altbewährten Tischaufsteller in der Gastronomie mit Empfehlungen, die Tafel mit den Tagesangeboten und die kleinen umsatzbringenden Techniken für den Zusatzverkauf. Ob Espresso de Luxe (Espresso und Minidessert) oder Luxusradler (Bier und Champagner), beim richtigen Angebot zeigen solche kleinen Maßnahmen zur Verkaufsförderung ihre große Wirkung. Auch in anderen Branchen, sowohl im Handel wie auch bei Dienstleistern.

Die Speisekarte oder die Preisliste zum Mitnehmen sind hierbei ein besonders wichtiges Werkzeug und sie sollten entsprechend gestaltet sein. Leserichtungen, Namensgebung und Angebotsbündelungen haben dabei eine größere Wirkung, als mancher annimmt.

Kommunikation und Werbung ja, aber nicht zu jedem Preis

Wenn Sie Geld für Werbung ausgeben wollen, dann haben Sie freie Auswahl. Ob Online, Print, Radio, TV, Guerilla, viral oder traditionell, die Werbebranche entwickelt sich sehr rasant und die Werbemenüauswahl ist groß.

Im Zeitalter der „Werbesättigung" und der mangelnden Glaubwürdigkeit verliert die klassische Werbung immer mehr an Bedeutung und wird durch „Gästekommentare und Erfahrungsberichte" ersetzt. Die Werbewelt verändert sich drastisch und als Unternehmer sollten Sie am Ball bleiben.

Die nachfolgende Liste zeigt Ihnen aus der Vielzahl unterschiedlicher Werbemöglichkeiten eine kleine Auswahl. Egal welches Gericht Sie aus dem Werbemenü auswählen, wichtig ist, die folgenden Grundsätze zu berücksichtigen.

Werbung in der Praxis

Die schönste Anzeige und das netteste Plakat nützen nichts, wenn sie nicht von Ihren potenziellen Kunden und Gästen gelesen werden. Werbung kann nur wirksam sein, wenn sie von Ihrer Zielgruppe wahrgenommen wird.

Potenzielle Gäste aufspüren

Sie betreiben zum Beispiel eine klassische regionale Gaststätte, beliebt bei Familien. Sie verwenden vermehrt regionale Produkte, haben eine gute Auswahl an vegetarischen Gerichten und ein Angebot an glutenfreien Produkten.

Nehmen wir gemeinsam die Verfolgung Ihrer Gäste auf und stellen uns folgende Frage: „Wo sind Ihre potenziellen Gäste, wenn Sie nicht bei Ihnen sind?"

Sie kaufen wahrscheinlich auf dem Wochenmarkt, in Bio-Geschäften, im Weinkontor und im Delikatessenladen ein, sie sind im Fitnessstudio, sie bringen Kinder in die Schule oder in den Kindergarten, machen gern Shopping in Geschäften der Region (Schuhe, Schmuck, Kleidung), sind beim Friseur, fahren Auto, gehen ins Kino, sind im Sommer beim Baden oder einfach nur zu Hause. Überall dort müssen wir sie aufspüren und auf uns aufmerksam machen.

Dieses Prinzip funktioniert bei allen Kunden- und Gästegruppen und bei allen Betriebstypen, versuchen Sie es selbst.

Im Hotelbereich kommt es natürlich sehr oft vor, dass der potenzielle Gast weit weg ist, privat und beruflich. Gut, dass es das Internet gibt und genau dieser Gast sich für Fliegenfischen interessiert oder passionierter Bridgespieler ist. Sie werden ihn über diesen Weg finden und seine Spuren erkennen.

Passende Werbematerialien auswählen

Gut, das wissen Sie nun – jetzt heißt es, „Machen ist Macht". Flyer in die Geschäfte bringen und den Inhaber zum Essen einladen. Auf dem Wochenmarkt einen Marktbetreiber, bei dem Sie auch kaufen, dazu motivieren, allen Einkaufstüten einen Flyer von Ihrem Betrieb beizulegen, den Bäcker besuchen und ihn fragen, ob Sie auf der Rückseite der Brottüte Werbung machen dürfen, dem Kindergarten einen Kinderkochkurs anbieten oder bei schönem Wetter Ihren Werbeanhänger beim Freibad postieren.

Nun müssen Sie auswählen, welche Gerichte aus dem Werbemenü Sie am besten einsetzen. Am einfachsten ist es natürlich, diverse Anzeigen zu schalten, doch es gibt auch andere Möglichkeiten und Sie können je nach Zielgruppe und Budget entscheiden. Jedes Gericht aus unserem Werbemenü hat jedoch spezielle Zutaten und eine spezielle Zubereitung. Wahrscheinlich schmeckt es auch nur einer ganz bestimmten Gästeschicht.

Manche Werbegerichte sind aufwendiger in der Zubereitung. Hierzu gehören sicherlich das Beschriften von Werbeanhängern und deren Platzierung, die Beschilderung an Hauswänden oder Gartenzäunen im Rahmen der gesetzlich gegebenen Möglichkeiten oder das Verteilen von Flyern an Punkten, wo Sie Gästespuren entdecken konnten.

Die folgende Übersicht zeigt eine Reihe von Werbe-Gerichten, aus denen sich individuelle Menüs zusammenstellen lassen.

Anzeigen-werbung	Plakatie-rung	Radio-werbung	Homepage	Messe-auftritte	Sponsoring (Vereine etc.)
Flyer	Autobe-schriftung	ÖPNV-Busbe-schriftung	Newsletter	Give-aways	Crossselling
Prospekt-material	Anhänger-werbung	Kino-werbung	Social Me-dia	Eventwer-bung (Tag der offenen Tür ...)	
Bäckertüte		TV – wenn das Budget reicht	Telefon-akquise		
			Mailings		

Bitte vergessen Sie nicht die Gäste im Betrieb. Die richtige Platzierung von Plakaten im Betrieb, der Flyer zur Rechnung sowie die Erfassung von Kunden- und Gästedaten sind einfache, kostengünstige und effektive Grundlagen von Werbemaßnahmen.

Die nächste Stufe – Kunden und Gäste binden

Was tun Sie, damit die Liebe hält? Diese Frage sollten Sie sich als Unternehmer immer wieder stellen. Welchen Vorteil hat Ihr Kunde oder Gast, wenn er Sie regelmäßig besucht? Kennen Sie seinen Namen, seine Vorlieben und seine Besonderheiten? Gibt es spezielle Aktionen oder Events nur für Stammkunden oder -gäste?

Es sind oftmals nur Kleinigkeiten, die den Erfolg bringen. Ein bekannter Hotelier mit einem Betrieb von fast 400 Zimmern lässt sich jeden Morgen die Liste der anwesenden Stammgäste geben und versucht soweit möglich, diese persönlich zu begrüßen. Eigentlich eine Kleinigkeit, doch für einen so großen Betrieb ist das eine persönliche und organisatorische Meisterleistung.

In den folgenden Abschnitten finden Sie einige Ideen für wirkungsvolle Aktionen zur Kundenbindung, auch bekannt als Customer-Relationship-Management (CRM).

Kommunikation über Geschichten – Mund zur Ohr Werbung

„1001 und eine Macht" – dieser Buchtitel von Werner T. Fuchs bringt die Wertigkeit von Geschichten auf den Punkt. Sorgen Sie dafür, dass Ihre Kunden und Gäste eine Geschichte mitnehmen, ein Erlebnis, das sie gern weitererzählen.

Aber aufgepasst, auch negative Geschichten werden gern weitererzählt, und dass die Empfangsmitarbeiterin freundlich ist, ist noch kein Stoff für eine Geschichte.

Überlegen Sie, was Ihre Kunden und Gäste nach dem Besuch bei Ihnen erzählen, welche Erlebnisse und Eindrücke sie mitnehmen und wo Sie sie positiv überrascht haben. Gelegenheit für eine erfolgreiche Platzierung von Geschichten im Gehirn Ihrer Kunden und Gäste haben Sie genügend, sehen Sie sich als Drehbuchautor und schaffen Sie Anlässe für Geschichten. Lassen Sie sich durch besondere Geschichten anregen, die Sie selbst erlebt haben!

Auch außerhalb des Betriebes können Sie für besondere Geschichten sorgen. Deshalb sollten Sie auch an Ihre Werbung den Anspruch haben, dass diese sich im Kopf ihres Kunden verewigt. Hier können Sie durch Ideen eine große Wirkung mit kleinem Budget erreichen.

Mit kleinem Budget große Wirkung erzielen – Guerillamarketing

Als „Schwäbisches Marketingkonzept" wird oftmals das sogenannte Guerillamarketing bezeichnet, denn es ist preiswert und effektiv. Es funktioniert so: Werbung an ungewöhnlichen Orten und mit überraschenden Effekten. Oder rechnen Sie damit, dass Ihnen im Stau an der Messeausfahrt ein Hotelier kostenlos Getränke anbietet? Überraschend anders wollen viele Unternehmer sein, auch in der Werbung, aber wer wagt es dann wirklich?

Wann rechnet sich Werbung?

Hier die Antwort eines Praktikers in Form eines Fallbeispiels:

Der Eintrag in einen Hotelführer für Motorradfahrer kostet 600 Euro. Pro Gast und Übernachtung hat der Unternehmer einen Deckungsbeitrag von 40 Euro (Deckungsbeitrag = Nettologiserlös abzüglich variabler Kosten wie Reinigung, Frühstück, Strom etc.). Wenn also 15 Übernachtungen aus dem Motorradreiseführer generiert werden, war die Werbung kostendeckend.

Wenn die Motorradfahrer dann auch noch positiv von Ihrem Unternehmen erzählen und darüber im Internet berichten, dann hat sich die Werbung gelohnt!

Den Werbeerfolg definieren

Damit Sie eine Erfolgsmessung durchführen können, sollten Sie, bevor Sie eine Anzeige schalten oder Flyer verteilen, zuerst die angestrebten Ziele definieren.

Bei einem Newsletterversand mit dem Osterangebot wollen wir zum Beispiel 400 Zugriffe auf die Homepage und zwölf konkrete Buchungen unseres Angebots erreichen.

Bei der Schaltung einer Anzeige in einem Motorradmagazin liegt unser Ziel bei 18 Übernachtungen.

Der Rücklauf nach der Verteilung von Gutscheinen soll bei 50 Lokalbesuchen liegen.

Allerdings, nicht jede Art der Werbung kann 1:1 gemessen werden. Manche Maßnahmen führen nicht direkt zum Kauf oder nicht direkt zu einem Besuch bei Ihnen. Aber immerhin sorgen Sie dafür, dass man auf Sie aufmerksam wird.

Den Werbeerfolg messen

So können Sie den Werbeerfolg messen:

- In einer Anzeige ein ganz spezielles Pauschalangebot bewerben oder für die Buchung ein Stichwort vergeben.
- Abfrage der Gäste „Wie wurden Sie auf uns aufmerksam?"

- Radiowerbung mit dem Hinweis, dass ein Gutschein auf der Homepage bereitgestellt ist.
- Eine spezielle Webadresse mit Weiterleitung für Anzeigenwerbung z. B. www.wo-esse-ich-heute.de.

Die Zusammenarbeit mit externen Agenturen

Lange geredet, endlose Telefonate zur Abstimmung, viel mehr Geld investiert als geplant und dann doch kein zufriedenstellendes Ergebnis erreicht. Damit Sie dies verhindern, habe ich einige Praxistipps für Sie vorbereitet:

- Die Agentur muss Sie und Ihren Betrieb kennen. Erläutern Sie Ihr Angebot, Ihre Preise, Gästestruktur, Werte und welche Kunden oder Gäste Sie ansprechen wollen. Je mehr Informationen Sie der Agentur geben, desto genauer kann diese ihre Angebote oder Vorschläge ausarbeiten.

- Eine Agentur für alles? Ja, wenn es eine Full-Service-Agentur ist, die tatsächlich alles kann und das nicht nur behauptet. Meine Erfahrung zeigt jedoch, dass es Agenturen gibt, die sich eher auf neue Medien spezialisiert haben und andere, die noch mehr in den „alten" Medien zu Hause sind.

- Ihre Aufgabe als Unternehmer ist es, die richtige Agentur auszuwählen, und hierzu sollten Sie sich Zeit nehmen. Es ist nicht damit getan, einer Agentur aus der Nachbarschaft einfach zu sagen, „macht uns mal einen Flyer".

- Die Außendarstellung Ihres Betriebes ist der erste Kontaktpunkt mit neuen Kunden und Gästen, deshalb sollte sie bis ins Detail durchdacht und für einen längeren Zeitraum einsetzbar sein. Sie müssen dafür jedoch kein Vermögen ausgeben. Bedenken Sie, die Entwicklung des Logos von Nike hat 35 Dollar gekostet! Ein solcher Schnäppchenpreis ist allerdings reine Glückssache.

Wenn's ums Geld geht ...

Scheuen Sie sich nicht, das Thema Geld ganz offensiv anzusprechen. Sie benötigen konkrete Angebote, und zwar von mindestens zwei Agenturen, die für Sie infrage zu kommen scheinen. Lassen Sie sich auch Stundensätze für Nachbesserungen etc. nennen und vereinbaren

Sie möglichst feste Honorare für die Erstellung von Flyern, Plakaten und Broschüren. Überlassen Sie die Kosten nicht dem Zufall. Vergeben Sie keinen Auftrag, ohne zu klären, was es kostet, denn sonst kann daraus eine böse Überraschung werden. Das wäre so, als wenn ein Veranstalter zu Ihnen sagt, kochen Sie einmal etwas Nettes für fünfzig Personen und servieren Sie einen guten Wein dazu. Mal ehrlich, hier würden Sie auch zeigen, was Küche und Keller zu bieten haben, und nicht auf den Cent schauen.

Ebenfalls sollten Sie darauf achten, dass im Preis mehrere Gestaltungsvorschläge enthalten sind, zwischen denen Sie sich entscheiden können. Wenn die Agentur auch die komplette Abwicklung zum Beispiel mit der Druckerei übernehmen soll, wird sie hierfür entweder eine Aufwandsentschädigung fordern oder eine Rückvergütung von der Druckerei erhalten, die sich dann in höheren Kosten für die Drucksachen niederschlägt.

Vergessen Sie auch nicht, die Agentur darauf aufmerksam zu machen, wo Sie Möglichkeiten für gemeinsame Werbung oder eine Zusammenarbeit mit anderen Unternehmen sehen. Nach dem Motto „Da hab ich etwas Gutes gesehen …". Legen Sie Ihrer Agentur auch Beispiele von anderen Unternehmen vor, die Sie gut finden und im Zuge der Vorbereitung auf Ihre eigenen Werbemaßnahmen gesammelt haben. So weiß Ihre Agentur, was Ihnen gefällt. Die Frage, ob es auch den Kunden und Gästen gefallen wird, ist damit jedoch noch nicht beantwortet.

Presse- und Öffentlichkeitsarbeit wirkungsvoll gestalten

Wenn ein junger Mann ein Mädchen kennenlernt und ihr erklärt, welch großartiger Typ er sei, dann ist das Werbung. Wenn er aber dafür sorgt, dass sie sich für ihn entscheidet, weil sie von anderen gehört hat, was für ein toller Kerl er sei, dann ist dies ein Erfolg seiner Eigen-PR (Public Relations).

Öffentlichkeitsarbeit sorgt für gutes Image, stärkt die Wettbewerbsfähigkeit, hat positiven Einfluss auf das innerbetriebliche Geschehen und macht uns zudem noch stolz. Es gibt eine Vielzahl von Strategien zum Thema „Wie komme ich in die Zeitung" – hier einige Grundlagen:

- Persönliche Kontakte zu Redakteuren und freien Mitarbeitern der schreibenden Zunft. Hierzu gehört auch ein gepflegter Presseverteiler.

- Es muss eine Meldung wert sein, was man zu erzählen hat. Zum Beispiel: Neueröffnung, Ausstellung, Benefizgala, Kooperation mit anderen Unternehmen der Stadt, besonderes Ereignis, Auszeichnungen und Jubiläum.

- Fassen Sie das Ereignis in einer kurzen Information zusammen und liefern Sie Fotos in Druckqualität. Lokalredaktionen schicken, wenn man sie rechtzeitig einlädt, oft einen Redakteur oder freien Mitarbeiter für die Berichterstattung oder für ein Interview.

Für Ereignisse, die Sie überregional kommunizieren wollen, können Sie auch einen Nachrichtendienst wie News aktuell oder eine PR-Agentur beauftragen. Bitte vergleichen Sie zuvor die Konditionen.

Speziell für die Neueröffnung oder Übernahme eines Betriebes sollten die Möglichkeiten einer redaktionellen Begleitung wahrgenommen werden. Nehmen Sie hierzu frühzeitig Kontakt mit den relevanten Medien auf. Für die Pressearbeit relevant sind auch regionale Radio- oder Fernsehsender.

Aus der Praxis: Nutzen Sie das sogenannte Sommerloch und bereiten Sie Ihre Presseberichte und „schreibwürdigen" Ereignisse entsprechend vor.

Strategische Planung im Marketing

Der Marketingplan ist das zentrale Steuerungsinstrument für Ihre Aktivitäten rund um Aktionen, Angebote, Gästebindung und Werbeaktivitäten. Die Praxis zeigt, dass viele Unternehmer bereits beim Gedanken an den damit verbundenen Planungs- und Schreibaufwand lieber an der Speisekarte arbeiten oder die Gartenbestuhlung aussuchen.

Meine Empfehlung zum Marketingplan:

Nehmen Sie sich einen Kalender, tragen Sie alle Aktionen und Maßnahmen, die Sie durchführen wollen, in diesen ein, und schon haben Sie 50 Prozent Ihres Marketingplans. Die anderen 50 Prozent bestehen dann darin, sich Gedanken über die Stärken und Schwächen Ihres Betriebes zu machen, Ihre Mitbewerber zu kennen, Stammgäste zu binden und neue Gäste aufspüren.

Wenn Sie den Kalender mit Aktionen und Maßnahmen bestückt haben, können Sie diesen als Leitfaden für Anzeigen, Newsletter, Blog- und Foreneinträge, Twitter, Homepage, Werbebriefe, Plakate, Radiowerbung und für die Beschriftung von Firmenfahrzeugen verwenden.

Definieren Sie nun die Kosten der Aktivitäten. Einen Blindflug sollten Sie von Beginn an vermeiden.

Wer macht was bis wann – eine Planung ohne Regelung der Verantwortlichkeit ist nur die Hälfte wert. Machen Sie Ihre Planung verbindlich.

Veröffentlichen Sie den Kalender so früh als möglich – denn so werden Sie vom Markt regelrecht erpresst, die Maßnahmen auch durchzuführen.

Übrigens können Sie auf Basis dieses Aktionskalenders bereits zu Beginn des Jahres alle Anzeigen, Webeinträge, Blogeinträge und Plakate vorbereiten und brauchen, wenn es dann soweit ist, nur noch auf's „Knöpfchen" zu drücken. Die Alternative hierzu, „schnell noch eine Anzeige machen, wenn am Montag die Aktion startet", wird nicht empfohlen. Sie haben die Wahl.

So sieht unsere Werbung aus

Wir haben mit den Bereichen Hotel, Tagungen und dem Lokal Mundart drei Bereiche definiert, auf die sich unsere Werbung konzentrieren soll. Die Botschaften zum Hotel beziehen sich auf das spezielle Ambiente und auf den von uns gebotenen Service. Im Bereich Tagungen lauten die Botschaften „anders Tagen", „Abwechslung" und „Professionalität". Sehr viele Hotels und besonders die großen bieten die Möglichkeit an, Tagungen zu veranstalten. Dabei sind die Abläufe oft ebenso austauschbar wie die Fehler, die gemacht werden.

Nach den Wünschen des Veranstalters sollte ein entsprechend großer Raum mit dem passenden technischen Equipment zur Verfügung gestellt werden. Auch Stühle und Tische sollten so aufgebaut werden wie vom Kunden gewünscht. Doch da setzt häufig schon das Problem ein. Statt in U-Form stehen die Tische hintereinander oder es sind nicht genügend Tische vorhanden und die später kommenden Teilnehmer müssen dann auf Sitzreihen Platz nehmen.

Beamer für Powerpoint-Vorträge sind meist vorhanden, aber was ist, wenn die Lampe des Overhead-Projektors mitten im Vortrag den Geist aufgibt? Hat man sofort eine Ersatzbirne zur Hand? Manche Referenten arbeiten auch gerne an Flipcharts und nicht nur an Tafeln. Gibt es für die Flipcharts ausreichend Papier und sind die Stifte für die Tafel in allen Farben schreibbereit? Oder ist die Hälfte ausgetrocknet? All diese Details machen die Professionalität aus.

> **Sorgen Sie dafür, dass jede Veranstaltung zu einem einzigartigen Erlebnis wird, an das man sich gern erinnert.**

Auch die Pausen zwischen den einzelnen Tagungseinheiten folgen oft fest eingefahrenen Ritualen. Es gibt Kaffee, Tee und Mineralwasser sowie ein paar Kekse. Das kann man natürlich auch anders und abwechslungsreicher machen. Insgesamt bedeutet anders Tagen, dass die Veranstaltung zu einem einzigartigen Erlebnis wird und nicht zu einem beliebig austauschbaren, an das sich später kaum jemand erinnert.

Unsere Botschaften für das Lokal sind gesundes Genießen, modernes Design sowie Freude und Spaß. Das scheint zunächst gar nicht einmal so spektakulär zu sein, doch wenn man es mit Leben füllt, bietet man seinen Gästen ein einmaliges und einzigartiges Erlebnis.

Für alle Werbemaßnahmen gilt die W-Formel: Wer ist für die Werbung verantwortlich? Was ist die Werbebotschaft? Wer ist die Zielgruppe? Wo erreichen wir sie? Und wann ist die Werbung am wirkungsvollsten? Zum eigentlichen Werbekonzept gehören dann auch noch folgende Fragen: Womit, also mit welchem Werbemittel wird geworben? Wie wird die Werbung umgesetzt? Und wie viel darf sie kosten?

Planen Sie Ihre Werbung unbedingt für das gesamte Jahr und stellen Sie ein Werbebudget auf. Dann können Sie nämlich viel besser zielgerichtet vorgehen und die einzelnen Aktivitäten besser planen und steuern. Wer ein durchdachtes Werbebudget hat, verfügt auch gegenüber manchen aufdringlichen Anzeigenverkäufern über gute Argumente, um nein sagen zu können. Ungeplant gestreute Werbung wird unterm Strich teurer und bringt weniger Erfolg. Am besten ist es, sich bei der Werbeplanung für das kommende Jahr noch einmal die Maßnahmen, Ergebnisse und Kosten des vergangenen Jahres anzuschauen. Man weiß dann, was erfolgreich war und was nicht.

> **Planen Sie Ihre Werbung unbedingt für das gesamte Jahr und stellen Sie ein Werbebudget auf.**

In meinen Seminaren zeige ich den Teilnehmern, soweit es die Zeit zulässt, gerne mein Datenblatt aus der Buchhaltung, aus dem ganz genau hervorgeht, für welche Maßnahmen ich wie viel Geld ausgegeben habe, und in den meisten Fällen werde ich sehr detailliert gefragt, warum bestimmte Maßnahmen durchgeführt wurden, wie erfolgreich sie waren und wie die Kosten zustande kamen. Wir sprechen dann nicht über irgendwelche abstrakten Konzepte, sondern über Leistungen und Geld.

In meinem Marketingplan, den ich ebenfalls offenlege, steht ganz genau, in welchem Monat für welche Zielgruppe aus welchem Anlass welche Aktion durchgeführt wurde, wer davon im Hause zuständig ist und wie die Kosten veranschlagt wurden. Man kann genau sehen, was zum Beispiel für Firmenkunden aufgewendet wurde, für Individualreisende, aber auch für spezielle Zielgruppen wie Hochzeitsgäste oder für Reisende aus der Schweiz.

Dieser ganze Plan wird dann noch einmal weiter heruntergebrochen. Welche Anlässe gibt es wann in welcher Kalenderwoche für das Mundart-Lokal, welche speziellen Einzelaktionen sind für welche Woche geplant, zum Beispiel eine Narrenparty im Schlosshof oder ein internationales Fischbuffet am Karfreitag? Darüber hinaus sind auch noch grundsätzliche, meist jahreszeitlich bezogene Aktionen festgehalten worden.

Für das Thema Weihnachtsfeiern machen wir zum Beispiel auch eine eigenständige Werbung. Das beginnt im September mit Flyern und setzt sich dann im Oktober fort mit Inhouse-Werbung in Form von Plakaten, Flyern, aber auch Infos, die auf den Gästetoiletten platziert werden. Weiter geht es im November mit Anzeigenwerbung, Mailings an Firmenkunden, Telemarketing, der Dekoration eines Weihnachtsfahrzeuges und dem Verkauf von Gutscheinen für Weihnachtsessen.

Was man wie und wann machen sollte

Ich gehe deshalb so ausführlich und detailliert auf diese Dinge ein, weil ich aus den Gesprächen mit meinen Seminarteilnehmern weiß, dass gerade für mittelständische Unternehmen die zentralen Fragen immer wieder lauten: „Was soll ich bloß wie und wann machen?" Also fassen wir noch einmal zusammen:

Erster Schritt: Überlegen Sie anhand eines Jahreskalenders, welche regionalen, überregionalen Feiertage einen Werbeanlass bieten und welche Saisonzeiten, zum Beispiel Fasching, zu berücksichtigen sind.

Im zweiten Schritt listen Sie alle Aktionen und Maßnahmen auf, die Ihnen einfallen, und wählen Sie davon die am besten geeigneten aus.

Im dritten Schritt planen Sie nicht nur die Kosten, sondern auch die entsprechenden Vorlaufzeiten, zum Beispiel für Anzeigenschaltungen.

Und nun noch einmal das Wichtigste: Legen Sie sich diesen Plan auf Termin, dass Sie ihn jederzeit zur Hand haben, und halten Sie sich daran, was Sie sich vorgenommen haben!

So funktioniert das Service-Kamasutra in der Praxis

Lesen Sie in diesem Kapitel ...

- wie Sie durch Analogien Ideen finden;
- wie Sie sich von Wettbewerbern unterscheiden können;
- warum für Service zu wenig Marketing gemacht wird;
- warum es so wichtig ist, dort weiterzudenken, wo andere aufhören;
- warum die Konkurrenz im mittleren Preissegment härter ist;
- wie Sie einzigartig werden;
- warum Vertrauen so wichtig ist;
- warum Sie nicht oft genug DANKE sagen können;
- wie Kinder ernst genommen werden;
- warum Sie auch mit Ihrer Werbung einzigartig sein sollten;
- warum Überraschungen Mut brauchen.

Ideen finden durch Analogien

Es gibt inzwischen unendlich viele Methoden, um Ideen zu finden. Für die meisten davon braucht man nicht nur eine gewisse Übung, um sie anwenden zu können, sondern sie setzen auch die Bereitschaft voraus, sich überhaupt auf sie einzulassen.

Allerdings lässt sich Kreativität nicht erzwingen, weder dadurch, dass man sagt „Wir sind mit unserem Meeting ja etwas früher fertig geworden, da können wir ja noch einmal eine halbe Stunde Brainstorming dranhängen", noch dadurch, dass man an seine Mitarbeiter die Forderung stellt „Nun seien Sie doch mal endlich spontan".

Weil ich weiß, dass gerade kleine und mittelständische Unternehmen weder die Zeit noch die innere Muße haben, fröhlich drauflos zu spinnen und darauf zu warten, dass unter den Geistesblitzen dann auch einer ist, der sich tatsächlich in die Praxis umsetzen lässt, baue ich auf die sogenannte Analogietechnik.

> **Die Analogietechnik hilft Ihnen, Ideen zu finden,
> die sich in die Praxis umsetzen lassen.**

Dabei schaut man sich an, was andere machen, wie es dort funktioniert und welche Erfolge damit erzielt wurden. Man sucht nach dem „Point-of-View", also dem Blickwinkel, der uns zeigt, wo die Gemeinsamkeiten zwischen den anderen und uns selbst liegen. Was haben eine Arztpraxis und zum Beispiel eine Anwaltspraxis für Gemeinsamkeiten? Wo liegen die Gemeinsamkeiten bei Handwerksbetrieben und was hat zum Beispiel ein Schuhgeschäft mit einem Hotel gemeinsam?

Der nächste Schritt besteht darin, dass wir nach dem „Missing Link" suchen, um vorhandene Lücken zu schließen. Es ist ja nicht so, dass in einem Unternehmen grundsätzlich alles falsch gemacht wird. Dann würde es das Unternehmen ja gar nicht geben. Sondern wir entdecken immer wieder, dass es irgendwo im Service Lücken gibt, die für Verzögerungen oder Pannen sorgen und dadurch sowohl bei den Kunden und Gästen als auch bei den Mitarbeitern und Chefs selbst zur Unzufriedenheit führen.

Nehmen wir zum Beispiel eine Autowerkstatt: Die Annahme des Fahrzeugs funktioniert reibungslos, die Mechaniker sind topfit, und wenn der Kunde dann sein Auto abholen möchte, muss er warten, und zwar lange. Warum? Der Wagen ist fertig, er ist sogar gewaschen worden und der Kunde könnte einsteigen und fortfahren. Aber das geht nicht. Denn die Rechnung wurde noch nicht geschrieben und die Werkstatt besteht auf Bezahlung bei Abholung.

Leider dauert das Schreiben der Rechnung sehr lange, denn die Mechaniker betrachten sich nicht als Buchhalter, der Kundendienstmann ist gerade auf einer Probefahrt, der Chef ist auf einer Schulung und die junge Dame im Empfang darf den Schlüssel erst aushändigen, wenn die Rechnung beglichen wurde. Leider kann sie die Rechnung noch nicht schreiben, weil ihr die entsprechenden Informationen fehlen.

Also warten alle einschließlich des Kunden darauf, dass der Mann vom Service von der Probefahrt zurückkommt, dass er in die Werkstatt geht und die Arbeitsblätter einsammelt und dass die junge Dame dann die Rechnung schreibt. Und wir hoffen nur, dass wenigstens genügend Papier im Drucker ist.

Suchen Sie nach Lücken im Arbeitsablauf.

Die meisten der Beteiligten haben alles richtig gemacht, aber eben nicht alle. Entweder hätte der Servicemann die Rechnung vorbereiten müssen, bevor er auf Probefahrt geht, oder der Chef hätte, bevor er sich zur Schulung verabschiedet, sagen können, wenn ich nicht da bin, schicken wir dem Kunden die Rechnung zu und er darf seinen Wagen sofort mitnehmen.

Es geht in diesem Fall also gar nicht darum, große neue Ideen zu entwickeln, sondern einfach nur darum, ein oder zwei Lücken im Arbeitsablauf zu schließen.

Unterschiede erkennbar machen

Wer natürlich seinen Erfolg mithilfe des Service-Kamasutra deutlich steigern möchte, wird sich der „Gap Creation" zuwenden müssen, nämlich, für den Kunden und für die Gäste erkennbare Unterschiede zu den anderen Wettbewerbern zu schaffen. Aber auch das ist mit

Analogien verhältnismäßig einfach möglich. Ich fordere Sie also ganz klar und unverblümt auf, die Ideen, die Sie in diesem Buch finden, rücksichtslos zu kopieren und auf Ihr Unternehmen anzupassen. Oder um es noch deutlicher zu sagen: Ideenklau ist von mir eindeutig erwünscht!

> **Durch Gap Creation schaffen Sie Unterschiede zu den Wettbewerbern.**

Was ist das Besondere an Ihrem Unternehmen?

Ein fester Bestandteil der meisten meiner Seminare ist die Frage an die Teilnehmer: „Was ist das Besondere an Ihrem Unternehmen?" Die Seminarteilnehmer werden dann entweder gebeten, es ihrem Sitznachbarn zu erklären oder es gegebenenfalls auch schriftlich niederzulegen.

Das Besondere bedeutet für mich:

- Machen Sie sich unwiderstehlich und begehrenswert.
- Sorgen Sie dafür, dass Sie einen Platz im Kopf und im Herzen Ihrer Kunden haben.
- Vereinigen Sie Fachkompetenz mit Emotion.

Wie Sie das Besondere erkennen und schaffen

1. Stellen Sie einigen Kunden und Freunden folgende Fragen:

   - Was zeichnet uns aus?
   - Weshalb kaufen Sie bei uns/weshalb beauftragen Sie uns?
   - Was passt nicht so richtig zu uns?
   - Würden Sie uns weiterempfehlen – wenn ja, weshalb?

2. Durchforsten Sie Ihre Leistungen unter den Gesichtspunkten „langweilig, geht so und nicht so toll".

3. Setzen Sie sich einfach virtuell auf den Rücken eines Ihrer Kunden und durchleben Sie mit ihm alle Abläufe aus Kundensicht. Begin-

nen Sie beim ersten Kontakt und bleiben immer an seiner Seite: Werbeanzeige – Internetseite – Schriftverkehr – Anfahrt - Eintritt in den Laden/das Büro/die Praxis – Begrüßung – Wartezeit – Beratung – Verkauf – Aufenthalt – Rechnung – Nachfassaktion – Kundenbindung.

Wir arbeiten bei den Abläufen nach dem Prinzip der Serviceketten, manche nennen es Prozessmanagement. Wir machen es uns etwas einfacher, indem wir die einzelnen Kontaktpunkte mit dem Kunden definieren und uns Gedanken darüber machen, wie die Erwartung des Kunden ist, wie unsere derzeitige Leistung ist und ob wir hierbei etwas verbessern wollen und können.

Wenn Sie sich Ihrem Kunden auf den Rücken setzen und mit ihm sozusagen gemeinsam Ihre Leistungen durchleben, werden Ihnen viele „Lücken" auffallen, welche im Alltagsstress untergehen. Achtsamkeit spielt hierbei eine wichtige Rolle. Nehmen Sie sich Zeit, die kundenrelevanten Serviceabläufe und Kontakte zu betrachten. Machen Sie „Servicedesign" und optimieren Sie die Abläufe aus Kundensicht.

Durchstöbern Sie Ihren Schriftverkehr, hinterfragen Sie die Wirkung der Weihnachtspost, prüfen Sie Ihre Erreichbarkeit, die Wirkung der Internetseite, die Freundlichkeit am Telefon, die Übersichtlichkeit der Rechnung, die Aufmerksamkeit und Präsenz im Kundengespräch, wie ist der Besprechungsraum, werden Kunden zum Ausgang begleitet, wie ist der erste Eindruck beim Eintritt.

Am Ende des Buches finden Sie eine Checkliste mit kleinen Serviceideen und Tipps zum Thema „Freude bereiten".

Wachsam und achtsam sein

Dass Deutschland inzwischen eine Dienstleistungsgesellschaft ist, wissen wir alle, auch wenn uns die damit zusammenhängenden Zahlen vielleicht gar nicht so bewusst sind. Im Jahr 2008 lag der Anteil des Dienstleistungssektors an der Bruttowertschöpfung in Deutschland bei 69 Prozent. 72 Prozent aller Erwerbstätigen, also rund 29 Millionen Menschen, waren im Dienstleistungssektor tätig. Dabei wurden diejenigen, die Dienstleistungen innerhalb von Industrieunternehmen erbringen, also zum Beispiel Wartungs- und Reparaturarbeiten, Labortätigkeiten oder Arbeiten in Serviceabteilungen, wie dem Marketing, bei dieser Rechnung noch gar nicht berücksichtigt.

Trotz dieses hohen Anteils von Servicetätigkeiten an der Wertschöpfung ist das Thema Servicemarketing an vielen Hochschulen und in vielen Ausbildungsgängen immer noch ein Stiefkind. Es kommt also für Unternehmer im Dienstleistungsbereich darauf an, selbst wachsam zu sein, die sich abzeichnenden Entwicklungen zu beobachten und vor allem, selbst neue Ideen zur Vermarktung ihrer Leistungen zu entwickeln.

> **Es kommt darauf an, selbst wachsam zu sein, die sich abzeichnenden Entwicklungen zu beobachten und vor allem, selbst neue Ideen zur Vermarktung eigener Leistungen zu entwickeln.**

Dabei geht es nicht nur darum, von den jeweils Besten der Branche oder Sparte zu lernen, sondern, wie bereits gesagt, durch Analogien neue Wege zu gehen. Natürlich gehört es auch dazu, von den Kunden zu lernen und für ihre Wünsche und Anregungen offen zu sein. In den Regeln der Benediktiner heißt es, „höret die Jüngsten". Und das bedeutet für mich, dass heute gerade die jüngeren Mitarbeiter als Ideenlieferanten unverzichtbar sind.

Viele Bedürfnisse von Kunden und Gästen sind oft gar nicht so einfach zu erkennen. Sie sind häufig nur latent vorhanden, werden aber von den Kunden und Gästen nicht explizit formuliert. Also kann ich immer wieder nur dazu auffordern, dort weiterzudenken, wo andere aufhören. Wir müssen unsere Aufgabe als Dienstleister insofern im Sinne des Service-Kamasutra dahin gehend definieren, dass wir latente Erwartungen wecken. Aber wir müssen auch vorsichtig sein, denn Neues und Anderes muss auch wohl dosiert werden, um unsere Kunden und Gäste nicht zu überfordern.

Es ist wichtig, dort weiterzudenken, wo andere aufhören.

Deshalb fordere ich immer wieder mehr Achtsamkeit. Je stärker wir durch den Einsatz des Neuromarketings in der Lage sind, nicht nur die bewussten, sondern auch die unbewussten Wahrnehmungen zu erkennen, zu lenken und zu nutzen, umso mehr Macht erhalten wir, mit der wir verantwortungsvoll umgehen müssen. Unsere Entscheidungen und Ziele sowie die Art und Weise, wie wir unsere Aufgaben lösen, werden in Zukunft in einer immer komplexeren Beziehung zwischen Menschen, Umwelt und Ressourcen stehen. Es ist unsere Aufgabe, dass wir das, was wir tun, gut und richtig machen, damit wir es für uns und den anderen Menschen verantworten können.

Der richtige Umgang mit der Macht

Der Umgang mit Macht ist ein wichtiges Thema und oftmals ist das Ausspielen von Macht der Grund für das Scheitern von Beziehungen. Der Bankmitarbeiter spielt die Macht bei der Kreditvergabe aus, der Chef beim Bewerbungsgespräch, der Azubi dann, wenn der neue Praktikant kommt, und der Einkäufer gegenüber dem Lieferanten. Jeder hat schon selbst solche Situationen erlebt und es war sicherlich kein schönes Gefühl, wenn einem die „Macht" gegenübersitzt.

Meine Anregung hierzu ist, immer wenn Sie in der „Machtposition" sind, besinnen Sie sich bitte darauf, diese Macht nicht auszuspielen, bleiben Sie respektvoll. Wenn Sie Wünsche oder Anfragen ablehnen müssen, bitte begründen Sie die Ablehnung.

> **Spielen Sie Ihre Macht nicht aus. Bleiben Sie respektvoll.**

Kommt Ihnen dieser Text bekannt vor? „Äußert vielleicht ein Kunde einen unvernünftigen Wunsch, soll er ihn nicht kränken, indem er ihn mit Verachtung abweist, sondern unter Angabe der Gründe die Bitte ablehnen." Hier ist die Auflösung: Ersetzen Sie das Wort Kunde durch „Bruder", dann haben Sie die Beschreibung der Voraussetzung für einen Cellular bei den Benediktinern.

Produkt und Leistung

In einer Studie hat das B.A.T. Freizeit-Forschungsinstitut nachgewiesen, dass es in den Jahren von 1973 bis 2010 zu einer Polarisierung der Märkte gekommen ist.

Zwischen 1973 und 1981 lagen rund 50 Prozent aller Produkte und Dienstleistungen im mittleren Marktsegment. Veränderungen gab es kaum, der Anteil der qualitativ hochwertigen Spitzenprodukte sackte in diesem Zeitraum gerade einmal um einen Prozentpunkt auf 27 Prozent ab, während die Anteile der Billigprodukte um einen Prozentpunkt auf 24 Prozent stiegen.

Dann setzte in den Jahren bis 1990 eine rasante Veränderung ein. Das mittlere Marktsegment schrumpfte auf 30 Prozent, während der Anteil der Spitzenprodukte auf 36 Prozent wuchs und auch die Billigprodukte auf 34 Prozent zulegten.

Zwanzig Jahre später hat sich das Bild nochmals deutlich verändert. Für das Jahr 2010 prognostizierte das B.A.T. Institut für Produkte und Dienstleistungen im mittleren Marktsegment nur noch einen Marktanteil von zehn bis zwanzig Prozent, während die Spitzenprodukte ebenso wie die Billigprodukte einen Anteil zwischen 40 bis 45 Prozent haben würden.

> **Das mittlere Marktsegment schrumpft und der Konkurrenzkampf wird dort härter.**

Das heißt, alle, die es sich in den Jahren zuvor komfortabel im mittleren Marktsegment eingerichtet hatten, sind unter starken Wettbewerbsdruck geraten. Entweder müssen sie sich gegen eine immer stärker werdende Konkurrenz durchsetzen oder aber in die anderen Marktsegmente ausweichen. Das funktioniert aber nicht allein nur dadurch, dass man entweder seine Preise senkt oder anhebt, sondern man muss auch die Produkte und Dienstleistungen entsprechend der Kundensicht verändern.

Versuchen Sie, sich in Ihre Gäste und Kunden zu versetzen, um herauszufinden, was diese wirklich wollen.

Wenn wir also mit unseren Produkten und Dienstleistungen in das Feld der Spitzenprodukte vorrücken wollen, dürfen wir uns nicht allein auf unser Wissen und Können verlassen, sondern wir müssen beginnen, uns mit den Augen der Gäste und Kunden zu sehen und herausfinden, was sie wirklich wollen. Dazu gehört eine selbstkritische Prüfung unserer Angebote, Leistungen, Produkte und Services.

Vieles von dem, was dabei deutlich über dem Durchschnittsniveau liegt, wird aber von Kunden und Gästen nur als Basisqualität wahrgenommen. Wir dürfen nicht unterschätzen, wie stark sich die Wahrnehmung der Gäste und Kunden nicht nur durch eigene Erfahrungen, sondern auch durch die Medien verändert hat. Wer sich zum Beispiel im Fernsehen die Kochshows anschaut, wird ein Speiselokal mit ganz anderen Erwartungen betreten als jemand, der diese Vorabinformationen nicht hat.

Seien Sie einzigartig

„Papa, hast du mir was mitgebracht?" Diesen Satz werden Geschäftsreisende oft von ihren kleinen Kindern hören, wenn sie wieder nach Hause kommen. Und dann ärgern sie sich. Nein, daran haben sie nicht gedacht. Sie hatten den Kopf mit so vielen Dingen voll, da war gar kein Platz mehr für die Familie. Ich mache ihnen daraus keinen Vorwurf. Denn schließlich ist es meine Aufgabe als Hotelier, auch für meine Gäste weiterzudenken, über den Punkt hinaus, an dem andere aufhören, und nicht bloß bis zu dem Moment, an dem sich die Tür hinter dem Gast schließt.

Also haben wir eine Kiste mit kleinen Spielsachen aufgestellt, aus denen sich unsere Gäste vor der Abreise bedienen dürfen. Kinder möchten wahrgenommen werden und wünschen sich Aufmerksamkeit. Da braucht es keine teuren Stofftiere oder Playstations. Die einfachen Dinge, die sie gemeinsam mit ihren Eltern machen können, wie zum Beispiel Seifenblasen, bringen ihnen viel mehr Spaß. Es kommt nicht auf den Wert des Geschenkes an, das man mitbringt, sondern auf die Wertschätzung, die man den Kindern zeigt.

> **Kinder wünschen sich Aufmerksamkeit. Sie freuen sich über kleine Mitbringsel von der Reise.**

Das weiß auch mein Autohaus. Dort steht nämlich auch eine Schatzkiste, aus der sich die Kinder der Kunden etwas mitnehmen dürfen. Und mein Autohaus denkt noch weiter. Wenn eine Familie ein Auto kauft, sitzen die Kinder natürlich hinten. Und was machen sie dort? Wahrscheinlich stoßen sie mit den Füßen an die Rückseite der Vordersitze. Also bekommen die glücklichen Besitzer eines neuen Autos auch noch zwei Schutzmatten für die Rückseite der Vordersitze, damit diese schön sauber bleiben.

Einfach für den Kunden mitdenken

Wenn man in diesem Autohaus seinen neu gekauften Wagen abholt, führt einen nicht der erste Weg zur Tankstelle. Denn das Fahrzeug ist bereits getankt und der Zeiger der Tankuhr steht nicht, wie ich es früher oft erlebt habe, kurz über Reserve. Statt des obligatorischen Blumenstraußes, mit dem zum neuen Auto gratuliert wird, erhält der Kunde in diesem Autohaus einen Gutschein für ein Abendessen in unserem Lokal, und zwar nicht nur für den Fahrer und seine Frau, sondern für die ganze Familie.

Aber es sind natürlich nicht nur ganze Familien und auch nicht nur die Väter auf Reisen. Auch immer mehr Frauen gehören zu den Geschäftsreisenden. Für sie haben wir eine besondere Überraschung, das sogenannte Single-Kissen. Man kann es in den Arm nehmen und sich richtig hineinkuscheln und das Kissen hat einen Arm, den sich die Frau um den Nacken legen kann, damit sie sich nicht mehr so allein fühlt.

Apropos Kissen. Obgleich wir in unseren Hotelzimmern komfortable Kissen haben, bei denen wir sicher sind, dass sie einem breiten Geschmack entsprechen, gibt es doch viele Gäste mit Sonderwünschen. Der eine hätte gern ein größeres und der andere ein kleineres Kissen. Manchen sind sie zu weich und anderen zu hart. Weil wir das wissen, haben wir eine „Kissenbar" eingerichtet, wo jeder etwas nach seinem Geschmack finden kann.

Kunden denken nicht umsatzorientiert

Als ich vor einiger Zeit in einem Schuhgeschäft war, fiel mir auf, dass es dort alle möglichen Pflegemittel und Bürsten für Schuhe gibt, aber keine Schuhputzmaschine, die die Kunden kostenlos benutzen können. Also fragte ich den Schuhhändler, warum es eine solche Schuhputzmaschine, wie wir sie im Hotel haben, bei ihm nicht gibt. Die Antwort überraschte mich nicht: Er wolle ja schließlich neue Schuhe verkaufen, die die alten ersetzen sollen.

Ganz offensichtlich hat er aufgehört, weiterzudenken, über den Punkt hinaus, an dem andere aufhören, und die Beziehung zum Kunden nur aus Händlersicht betrachtet, aber eben nicht aus Kundensicht. Warum nicht eine Schuhputzmaschine aufstellen, mit der Aufschrift „Damit auch die alten nochmals glänzen!".

Es sind simple Dinge, die Ihren Service verbessern.

Und da ich gerade mit ihm im Gespräch war, fragte ich gleich weiter. Wäre es nicht sinnvoll, für den Kunden, wenn er die Schuhe gekauft hat, die Aufkleber unter den Sohlen zu entfernen, die man immer so schlecht abkriegt? Es muss ja nicht gleich jeder sehen, dass ich neue Schuhe trage, wenn ich die Füße ausstrecke. Und wie ist das mit den Schnürsenkeln? Warum sind die eigentlich bei neuen Schuhen immer falsch eingefädelt? Auch darauf hatte er eine Antwort parat: „Das machen die Maschinen des Herstellers". Und weiter? „Wir verkaufen so viele Schuhe, da können wir uns nicht noch hinstellen und die Schnürsenkel neu einfädeln." Aha.

Was würden sich denn die Kunden vielleicht sonst noch so wünschen? Sein Gesicht war ratlos. Eine Pflegemittelprobe ähnlich den Parfumproben, die man in guten Parfumerien erhält? Oder sollten vielleicht die Kinderschuhe in Schuhkartons stecken, die lustig bedruckt sind und mit denen man auch noch spielen kann? „Ach, das braucht man alles nicht." Wahrscheinlich sind die Kunden genauso froh, wieder aus dem Laden heraus zu sein, wie es auch der Schuhhändler selbst ist, wenn der Kunde endlich geht.

Einzigartigkeit braucht ein klares Profil

Um ein eigenes Profil zu entwickeln, sollte man seine Stärken und Schwächen analysieren. Unsere Stärken liegen ganz sicher darin, dass das Hotel in einem historischen Gebäude untergebracht ist und in der Ausstattung unserer Zimmer. Bei uns können auch Tagungen durchgeführt werden. Aber das ist noch nicht alles. Unsere überragende Stärke liegt in der Servicekultur der Mitarbeiter. Daraus ergeben sich natürlich besondere Chancen.

> **Um ein eigenes Profil zu entwickeln, muss man seine Stärken und Schwächen analysieren.**

Wir können eigene Seminare veranstalten und das Hotel ist beliebt für Bankets und Veranstaltungen. Unsere Küche ist in der Lage, Catering-Aufgaben zu übernehmen und sogar Firmen zu verpflegen. Wir können darüber hinaus an der Philosophie des Mundart-Lokals mit seiner regionalen Küche anknüpfen und eine eigene Mundart-Kollektion an Speisen und Getränken kreieren, die unter einer eigenständigen Marke vertrieben wird.

Natürlich haben wir auch Schwächen. Die Zufahrt ist ein bisschen schwierig und die Zahl unserer Parkplätze, die sich in einer öffentlichen Tiefgarage befinden, ist begrenzt. Natürlich sind in den alten Mauern einige bauliche Details nicht ganz befriedigend, aber leider auch nicht zu ändern. Das Gleiche gilt für die räumliche Kapazität, wir können nicht einfach anbauen. Eine Schwäche, die wir nur zu Anfang hatten, war die Bekanntheit. Das Problem haben wir inzwischen gelöst.

Persönlichkeit: Schlossgeister statt Service-Roboter

Nur, wer sich selbst als Mensch wahrnimmt, und nicht nur als Funktionsträger, kann Nähe und Vertrauen schaffen. Wir als Hotel nehmen uns als die „Nummer 1" für Servicequalität und Lebensfreude wahr. Wir Schlossgeister sind bekannt dafür, Freude zu bereiten, respektvoll zu handeln, wirtschaftlich zu arbeiten und durch Ehrlichkeit zu überzeugen. Die Grundlagen dafür sind Achtsamkeit, Vertrauen, Moral, Freude, Erfolg, Stolz und Partnerschaftlichkeit. Dadurch sind wir in der Lage, mit Leidenschaft unseren Gästen und Kunden zu dienen, ohne Diener zu sein.

Stärken erkennen und fördern

Die Aufgabe der Führungskräfte besteht nicht darin, die Persönlichkeit der Mitarbeiter zu verändern, was auch kaum möglich ist. Abgesehen davon, lässt sich Ausstrahlung und Freundlichkeit trainieren. Führungskräfte haben vielmehr die Aufgabe, den Mitarbeitern zu helfen, ihre Stärken zu erkennen und sie zu nutzen. Das so gewonnene Selbstwertgefühl gibt den Mitarbeitern die Möglichkeit, mit den Gästen und Kunden auf Augenhöhe zu kommunizieren.

Versuchen Sie nicht, die Persönlichkeit Ihrer Mitarbeiter zu verändern.

Die Arbeit einer Führungskraft beginnt mit der Ausschreibung einer freien Stelle. Bereits jetzt sollte überlegt werden, welche Leistungen auf diesem Arbeitsplatz erbracht werden müssen und welche persönlichen, sozialen und fachlichen Qualifikationen dafür erforderlich sind. Diese schriftlich fixierte Stellenbeschreibung bildet die Grundlage für eine

Anfrage bei der Agentur für Arbeit, für das Schalten von Stellenanzeigen in Tageszeitungen, Fachmedien oder auch im Internet.

Schreiben Sie jede freie Stelle auch intern aus.

Darüber hinaus sollte man nie vergessen, die Stelle per Aushang oder Handzettel auch intern auszuschreiben. Vielleicht stellt man den Mitarbeitern sogar eine Prämie in Aussicht, wenn sie einen geeigneten Bewerber vermitteln. Dieses Verfahren hat einen großen Vorteil: Der Empfehlende fühlt sich dazu verpflichtet, dass der Empfohlene die gewünschten Leistungen erbringt. Aber auch vonseiten des Empfohlenen gibt es eine entsprechende Verpflichtung, sich vielleicht doch mehr anzustrengen, weil er sonst seinen „Mentor" schlecht aussehen lässt.

Ob sie beim Auswahlverfahren stärker die schriftliche Bewerbung einschließlich der Zeugnisse berücksichtigt oder mehr Wert auf den persönlichen Eindruck legt, muss die jeweilige Führungskraft selbst entscheiden. Es hängt davon ab, ob die fachliche Kompetenz bei der zu besetzenden Stelle im Vordergrund steht oder mehr soziale Kompetenzen, wie Freundlichkeit, Offenheit und Kommunikationsfähigkeit, gefordert sind. Wichtig ist auf jeden Fall, dass der direkte Vorgesetzte in das Auswahlverfahren einbezogen wird.

Wenn man die gewünschte Qualifikation nicht zum geplanten Gehalt einkaufen kann, steht jeder Unternehmer vor der Entscheidung, entweder mehr zu zahlen oder vielleicht doch einen Bewerber vorzuziehen, in dessen Ausbildung und Entwicklung er noch investieren muss.

Speziell bei einem berufsfremden Bewerber kann ich nur empfehlen, einen oder zwei Probetage zu vereinbaren, bevor man eine Entscheidung über die Einstellung fällt.

Sorgen Sie dafür, dass die Einarbeitung eines neuen Mitarbeiters optimal verläuft.

Wenn ein neuer Mitarbeiter eingestellt worden ist, kommt es darauf an, die Einarbeitung und speziell den ersten Tag so optimal wie möglich zu gestalten. Denn hier werden manchmal Weichen für die berufliche Entwicklung gestellt, die sich später nur mit Mühe korrigieren lassen. Jeder neue Mitarbeiter sollte einen Paten erhalten, der ihm mit Rat und Tat zur Seite steht.

Es ist wichtig, jeden Mitarbeiter in regelmäßigen Abständen darüber zu informieren, wie seine Leistung bewertet wird, wobei besonders das, was positiv aufgefallen ist, im Vordergrund stehen sollte. Und jeder Mitarbeiter sollte auch wissen, welche Entwicklungschancen das Unternehmen ihm für die Zukunft bieten kann.

Gelebte Führungsprinzipien

Ich will keine theoretische Abhandlung über „so könnte Führung sein" bringen, sondern Praxisbeispiele aus meinem eigenen Betrieb. Die Zufriedenheit meiner Mitarbeiter ist ein wichtiger Erfolgsfaktor für unser Unternehmen und Voraussetzung für unsere hohe Kunst des Service-Kamasutra.

Oftmals werde ich gefragt, was ich tue, damit ich so freundliche, authentische Mitarbeiter habe und wie ich diese motiviere. Erst einmal muss ich zugeben, dass ich meine Mitarbeiter nicht motiviere, sondern nur darauf achte, dass ich diese nicht demotiviere und dass meine Schlossgeister so sind, wie sie sind. Das ist möglich, weil ich meine Mitarbeiter sorgfältig ausgewählt habe.

„Die Würde des Menschen ist unantastbar." Dieser Grundsatz ist unser oberstes Führungsprinzip. Die meisten Menschen werden bei diesem Satz zustimmend nicken und diesen für gut befinden. Aber wie wird dieser Grundsatz im Unternehmen gelebt?

Bei uns gilt: Rede über Mitarbeiter, Kollegen und andere Menschen nur so, als ob diese im Raum wären.

Als Chef werde ich im Unternehmen nie schlecht über meine Mitarbeiter, einen Ex-Mitarbeiter, Gäste oder auch Lieferanten reden. Als Führungskraft bin ich Vorbild und gebe das Niveau vor. Wenn eine Führungskraft über alle möglichen Personen herzieht oder diese schlecht macht, dann wird sich im Unternehmen dieses Verhalten ausbreiten. Wenn Sie allerdings am Abend mit den Kollegen am Stammtisch über den Nachbarn herziehen, dann ist das nicht gerade nett, aber durchaus verständlich. Ich versuche meinen Mitarbeitern zu vermitteln, dass es eben Menschen gibt, die anders sind, wir jedoch nicht das Recht haben, diese zu „bewerten", sondern unsere Aufgabe darin liegt, diese zu verstehen.

Achtsamkeit und Einfühlungsvermögen

Sicherlich haben Sie sich bereits gewundert, weshalb unser Hotel den Zusatz Mindness Hotel trägt. Mindness leitet sich von dem englischen Wort mindful ab und bedeutet Achtsamkeit. In der Führung ist achtsames Handeln sehr wichtig. Es heißt nichts anderes, als Verständnis für das Verhalten des anderen zu haben. Besonders, wenn sich meine Mitarbeiter in emotionalen Ausnahmesituationen befinden, zum Beispiel wenn sie frisch verliebt sind oder persönliche Schicksalsschläge erlitten haben, wenn sie unter extremem Zeitdruck stehen oder gerade dabei sind, ein Haus zu bauen, versuche ich mich in ihre Lage zu versetzen.

Einem Chef fällt es nicht immer leicht, zu akzeptieren, wenn sein Rezeptionsleiter nur noch über Isolierung, Auswahl der Fliesen und Ähnliches redet, doch wenn ich mich in seine Situation versetze, dann wird mir sein Verhalten klar. In einem solchen Fall spreche ich mit meinem Mitarbeiter. Ich sage ihm, dass ich mich für ihn freue und in den nächsten Wochen gern auf seine spezielle Situation etwas Rücksicht nehme und wir dann wieder voll durchstarten. Diese Vorgehensweise hat sich bewährt. Die Mitarbeiter sind dankbar für mein Verständnis. Früher habe ich mich über solches Verhalten geärgert und gedacht, „das ist doch nicht mein Problem, wenn der baut".

Beobachten und Wahrnehmen

„Ich hätte nie gedacht, dass Sie Hotelier sind und eine Diskothek besitzen, Sie sind so ruhig und beobachten erst einmal die Lage", sagte einmal ein Teilnehmer einer Vortragsserie zu mir. Ja, ich beobachte und handle nicht vorschnell. In der Führung setze ich dies wie folgt um: Ich begrüße meine Mitarbeiter, wenn es geht, per Handschlag und nehme Sie bewusst wahr. In diesem Augenblick merke ich, ob alles passt oder etwas nicht stimmt. Früher musste mich meine Schwester immer darauf aufmerksam machen. „Merkst du eigentlich nicht, dass es Nadja nicht gutgeht?" Heute habe ich meine Antennen dafür besser ausgerichtet.

Ich frage meine Mitarbeiter oft nach besonderen Momenten, die sie in der vergangenen Woche im Betrieb erlebt haben. Am Anfang herrschte bei dieser Frage immer Stille, nicht, weil es keine besonderen Momente gegeben hatte, sondern, weil wir diese nicht wahrgenommen haben. Übrigens, wenn Sie das nächste Mal am Abend von Ihrem Partner gefragt werden „Und wie war dein Tag?" und Sie antworten „wie immer", dann befinden Sie sich in der „geht so" Falle.

Es gibt täglich viele besondere kleine Ereignisse, die Sie sich merken oder notieren können, um beim nächsten Mal Ihr Gegenüber zu überraschen, wenn Sie einige „Diamanten" des Tages aufzählen.

Der Umgang mit Macht

Als Führungskraft haben Sie Macht gegenüber Mitarbeitern, als Einkäufer haben Sie Macht gegenüber dem Lieferanten und so weiter. Allein die Tatsache, dass ich mir darüber bewusst bin und diese Macht nicht gedankenlos ausspiele, hilft. Respektvoller Umgang und der Verzicht auf unnötige Machtdemonstrationen gehören zum kleinen 1x1 der Führung.

Ehrlichkeit – eine unlösbare Forderung?

Nein, ich bin nicht immer ehrlich, tut mir leid, das schaffe ich nicht, aber ich versuche gegenüber meinem Umfeld so ehrlich zu sein, wie es geht. Wenn mir etwas nicht gefällt, sage ich es. Das tut übrigens verdammt gut, ist aber anstrengend. Wenn ich mit etwas zufrieden bin, sage ich es, wenn ich nicht zufrieden bin, sage ich es auch, und zwar unbürokratisch und zeitnah.

Meine Mitarbeiter haben mich dazu übrigens aufgefordert, denn sie wollen lieber wissen, was Sache ist, als dass ich mit gesenktem Kopf, am besten noch mit leichtem Kopfschütteln durch mein Unternehmen laufe und sie sich fragen müssen, was sie falsch gemacht haben. Ich musste lernen, Dinge anzusprechen, wenn sie mir nicht gefallen oder gegen unsere Spielregeln verstoßen. Ich als oberste Führungskraft stehe genau so im Dienst des Unternehmens wie jeder andere Mitarbeiter. Persönlich habe ich manchmal gar keine Lust, unangenehme Dinge anzusprechen, doch das Unternehmen verlangt es von mir.

Eine unserer Spielregeln besagt zum Beispiel, dass alle Kleidungsstücke der Mitarbeiter, die sich nicht im Spind befinden, entsorgt werden. Glauben Sie mir, ich persönlich habe kein Interesse daran, morgens um 6.30 Uhr durch den Umkleideraum der Mitarbeiter zu gehen und Kleidungsstücke, Schuhe und diverse Accessoires in einem Müllsack zu entsorgen. Doch wenn ich mich nicht für die Umsetzung der Regeln einsetze oder auf deren Einhaltung achte, wer sollte mir dann folgen?

Übrigens war noch kein Mitarbeiter sauer, wenn ich eine unsere Regeln konsequent umgesetzt habe, denn jedem ist bewusst, der Chef setzt nur die Regeln um, die wir gemeinsam vereinbart haben.

Der Chef ist berechenbar

Ja, das bin ich, und zwar sehr gut berechenbar. Wir haben Spielregeln und Führungsgrundsätze, die wir befolgen. Unser Handeln ist geprägt von klaren Regeln und fest definierten Zuständigkeitsbereichen. Jeder weiß, was er zu tun hat und wie er es tun sollte. Es gibt keine Überschneidungen bei den Zuständigkeiten und jeder kann sofort nachvollziehen, wer zum Beispiel für die Sauberkeit der Dienstfahrzeuge, die Blumenpflege, die Ordnung im Warenlager oder für die Sauberkeit der Toilettenanlage zuständig ist.

Besonders wichtig sind unsere Spielregeln für das Miteinander. Wir haben geklärt, wie wir uns bei internen Konflikten verhalten und was wir unter einer Lobkultur verstehen. Übrigens, es war uns viel leichter gefallen, Konfliktregeln aufzustellen, als über Lob zu reden.

Neun, zehn oder elf – mehr geht nicht

Ich habe mich in der Vergangenheit darauf begrenzt, maximal elf Mitarbeiter zu führen. Unter Führen verstehe ich mehr, als einfach nur Vorgesetzter zu sein. Dazu gehört für mich auch, den Mitarbeiter zu begleiten, zu fördern und in seiner Entwicklung zu unterstützen. Immer wieder habe ich in Büchern Beispiele gefunden, die diese Zahl bestätigten.

Wenn ich aber nur elf Mitarbeiter führen kann, benötige ich weitere Führungskräfte, die jeweils eine Abteilung führen. Klar, werden Sie sagen. Dies bedeutet für den Chef jedoch eine große Umstellung, denn er führt nicht mehr die einzelnen Mitarbeiter in den Abteilungen, sondern er hat dafür nun eine Führungskraft. In der Konsequenz bedeutet dies, dass ich die Abteilung nur noch indirekt über den Abteilungsleiter führe und nicht mehr direkt auf jeden Mitarbeiter Einfluss nehme. Ich musste also lernen, mich zurückzuhalten und nicht, wie es bei mir oft vorkam, einfach mal schnell etwas verändern zu lassen oder anzuordnen, wenn der Abteilungsleiter gerade nicht anwesend war.

Der Umgang mit der Zeit

Das wichtigste Gut des Menschen ist die Zeit. Und fünf Minuten Zeit eines Azubis sind genau so viel wert wie fünf Minuten von mir, nämlich genau 300 Sekunden Lebenszeit. Heute respektiere ich diese Tatsache und beachte, dass ich meine Zeit nicht als wertvoller betrachte als die meiner Mitarbeiter. Das ist für meine Mitarbeiter sehr wichtig. Ich habe mein Verhalten deutlich ändern müssen. Heute vermeide ich auch Aussagen wie „Der soll noch warten, der will mir eh nur etwas verkaufen".

Wertschätzung

Zum Thema Würde gehört auch die Wertschätzung. Bei uns im Unternehmen sind die Führungskräfte verpflichtet, sich vor einem Bewerbungsgespräch so gut vorzubereiten, dass sie die wichtigsten Daten des Bewerbers im Kopf haben und nicht ständig in den Unterlagen blättern müssen. Ebenso bitte ich die Führungskräfte, sich in die Lage des Bewerbers zu versetzen, um ihm die Angst vor dem Gespräch zu nehmen.

Erwischen Sie Ihre Mitarbeiter beim Richtigmachen

Lob und Tadel – Ja, auch bei uns kommt das Lob manchmal zu kurz, doch wir versuchen unsere Kollegen, Mitarbeiter und Lieferanten beim „Richtigmachen zu erwischen". Lob gibt es auch oftmals öffentlich in Form von Anerkennung bei Meetings, der Wahl zum Lieferanten des Jahres oder anderen Anlässen. „Mitarbeiter des Monats" gibt es bei uns nicht. Das wollten meine Schlossgeister nicht, dafür wählen wir ja den „Gast des Monats".

Konstruktive Kritik ist bei uns Bestandteil des Coaching und gehört dazu. Sie wird jedoch immer nur in einem Vier-Augen-Gespräch erteilt. Es gibt keine öffentliche Schelte oder gar das Bloßstellen des Mitarbeiters. Es kommt auch nicht vor, dass ich in der Abteilung erzähle, was der „Fritz" wieder für einen Mist gebaut hat, wenn dieser gerade frei hat.

Ein Beispiel aus eigener Erfahrung: Vor einigen Jahren vertrat ich meinen Küchenchef während seines Urlaubs. In diesen Tagen fiel mir einiges auf, was ich nicht so gut fand. Anstatt zu warten, bis meine Führungskraft aus dem Urlaub zurück war, und ich diese Punkte mit ihm besprechen konnte, maulte ich in der Küche vor mich hin und äußerte meinen Unmut. Das hörte der Azubi und erzählte dem Küchenchef prompt am ersten Tag nach dessen Rückkehr von meiner „Unzufriedenheit". Und wie es in der Natur des Menschen liegt, hat er auch die Sache noch etwas „aufgepuscht". Gott sei Dank kam der Küchenchef anschließend gleich zu mir und fragte, ob ich mit seiner Leistung unzufrieden sei.

Dankbarkeit

Nein, ich gehöre nicht zu den Chefs, die meinen, alle ihre Mitarbeiter müssten sich wie Mitunternehmer verhalten. Vor einigen Jahren habe ich noch ganz anders gedacht. Wenn viel Betrieb war, erwartete ich, dass die Mitarbeiter ohne Murren Überstunden machen und wunderte mich, weshalb sie nicht die notwendige Flexibilität mitbrachten, auch einmal sechs oder gar sieben Tage in der Woche zu arbeiten, wenn es erforderlich war. Ich sah es sogar als selbstverständlich an, dass ein Mitarbeiter kurzfristig die Vertretung für einen kranken Kollegen übernimmt und auf seine Freitage verzichtet.

Heute habe ich eine andere Einstellung. Ich weiß, dass ich die besten Schlossgeister habe, die ich mir vorstellen kann, alle handverlesen und tolle Menschen. Ich erwarte nicht mehr, dass sie sich alle wie Unternehmer verhalten oder setze die „unternehmerische Tendenz zur teilweisen Selbstaufgabe voraus". Seitdem bin ich wesentlich zufriedener und ich bin meinen Mitarbeitern für ihren Einsatz dankbar, was ich ihnen auch zeige. Ich empfinde nicht mehr alles als selbstverständlich.

Wertschätzung für die Aufgabe des anderen

Ich halte es für wichtig, dass die Mitarbeiter im Unternehmen wissen, was die anderen tun. Bei uns ist es üblich, dass im Rahmen der Einarbeitung oder auch bereits im Einstellungsverfahren der Mitarbeiter Einblick in die Aufgaben der anderen Abteilungen bekommt. So kann ich vermeiden, dass Sprüche wie „die sitzen doch eh nur den ganzen Tag im Büro" oder „das bisschen Putzen kann doch nicht so schlimm sein" die Stimmung im Betrieb trüben.

Am meisten freuen sich übrigens meine Reinigungskräfte immer darauf, wenn ich einmal pro Jahr meinen „Housekeeping-Dienst" mache und den ganzen Tag mit Bettenmachen, Staubsaugen und Wäschewagen verbringe. Übrigens bin ich nach diesem Tag platt wie eine Flunder und habe wieder mehr Wertschätzung für das, was meine Reinigungskräfte tagtäglich tun. Es ist sicherlich nicht immer leicht für einen Chef, sich hierfür Zeit zu nehmen, doch es dient dazu, den richtigen Blick zu wahren, und verbessert auch die Stimmung im Betrieb. Nach dem Motto: „Er ist sich nicht zu schade dafür".

Dieselben Regeln für alle

Bei uns gelten dieselben Regeln für alle. Nein, nicht ganz, einige Privilegien habe ich als Chef, was meine Mitarbeiter übrigens auch für richtig halten. Ich habe Sie gefragt. Hierzu gehören die Urlaubsplanung, die Arbeitszeiteinteilung, die Entscheidung über das Gehalt und das Delegationsrecht. Aber es gibt viele Regeln, an die auch ich mich genau wie meine Mitarbeitern halten muss, ob Namensschild, Pünktlichkeit in Meetings, Sauberkeit des Firmenfahrzeugs, Freundlichkeit und das Einhalten betrieblicher Ablaufschemen.

Vorbild sein

Niemand erwarten von Ihnen, dass Sie perfekt sind. Aber denken Sie daran, dass Ihr Verhalten die Messlatte für das Verhalten der Mitarbeiter ist. Wenn Sie sich nicht an Regeln halten, weshalb sollte es ein Mitarbeiter tun? Wenn Ihr Schreibtisch aussieht wie ein „Handgranaten-Wurfstand" und eventuell noch ein Schild darauf steht mit dem Spruch „Wer Ordnung hält, ist nur zu faul zum Suchen", werden Sie es schwer haben, Ordnung zu fordern.

Denken Sie einfach daran, dass Sie Vorbild sind und die Mitarbeiter sehr genau sehen, was Sie vorleben und was nicht. Führung beginnt mit Selbstführung. Ihre Mitarbeiter erwarten nicht, dass Sie perfekt sind, sie verzeihen auch Ihnen Fehler, solange Sie nicht von Ihren Mitarbeitern etwas erwarten, was Sie nicht bereit sind, selbst zu tun.

Situativ und individuell

Ich habe keinen festen Führungsstil und verwende auch ganz unterschiedliche Vorgehensweisen. Ich rede mit meinen Küchenchef eine andere Sprache beziehungsweise in einem anderen Ton als mit meinem Verantwortlichen für den Tagungsbereich. Ich weiß, welcher meiner Schlossgeister mehr Zuneigung braucht und welcher weniger. Bei der Einstellung achte ich bei jungen Mitarbeitern und Azubis darauf, ob sie ein Einzelkind sind, dieses braucht im Regelfall etwas mehr Zuneigung und Anerkennung. Ich führe meine Mitarbeiter sehr individuell, aber nach klaren Grundsätzen.

Führung braucht klare Ansagen und Feedback

Im vergangenen Jahr bekam ich in der Mitarbeiterbewertung meine schlechteste Note bei der Frage „mir ist bewusst, was meine Führungskraft von mir erwartet". Ich hatte gedacht, es sei bekannt, was ich von meinem Mitarbeiter erwarte. Ich hatte dies jedoch nie klar formuliert und ausgesprochen, immer nur teilweise und unvollständig. Heute kommuniziere ich meinen Mitarbeitern und Führungskräften ganz konkret und umfangreich, welche Erwartungen ich an sie habe. Von Führungsverhalten, Zielplanung bis zu kleinen Details wie Ordnung, strukturiertes Arbeiten, Lobkultur, Fort- und Weiterbildung, Vorbildfunktion und so weiter.

Wir haben natürlich viele dieser Elemente schriftlich definiert, jedoch habe ich festgestellt, dass es besser ist, wenn ich das Thema nochmals anspreche und auch dazu erwähne, dass ich mich hundertprozentig auf den Mitarbeiter verlasse.

Sagen Sie dem Mitarbeiter, wie er es richtig macht. „Mach es so und du machst es richtig". Unsere neuen Mitarbeiter erfahren von uns sehr schnell, wie sie etwas richtig machen, denn in jedem Betrieb gibt es etwas andere Spielregeln.

Ziele und der sportliche Ehrgeiz

Wir sprechen von ergebnisorientierter Führung, denn wir wissen, dass letztendlich nur die Ergebnisse zählen. Es reicht nicht, wenn wir meinen, dass wir gut sind, entscheidend ist die Bewertung durch den Leistungsempfänger. Ob Kundenbefragung, Onlinebewertungen oder Mitarbeiterbefragung, hier zeigt sich das wirkliche Ergebnis.

Wir haben selbstverständlich allgemeine betriebliche Ziele, darüber hinaus definieren wir im Rahmen unserer jährlichen Schlossgeistergespräche individuelle Ziele für die Mitarbeiter. Dazu gehören neben persönlichen Zielen wie Fort- und Weiterbildung auch betriebliche Abteilungsziele wie qualitative Ziele hinsichtlich der Kundenzufriedenheit. Ein Beispiel ist das Ziel einer Reinigungskraft, auf keinem Zimmer das zweite Badetuch oder das Nachfüllen des Duschgels zu vergessen. Das sind übrigens zwei unserer häufigen Beschwerdegründe.

Helfen Sie Ihren Mitarbeitern dabei, solche Ziele zu definieren. Aber bitte zwingen Sie ihnen keine Ziele auf. Es reicht, wenn jeder Mitarbeiter für sich zwei spezifische, messbare, akzeptierte, terminierte und realistische Ziele definiert (SMART-Formel).

Loben will gelernt sein

Ich bin Widder, Unternehmer, Betriebswirtschaftler und Sohn eines Metzgers. Ich kann also von mir behaupten, dass ich nicht gerade der Typ von Mensch bin, der mit einer rosa Brille und Samthandschuhen durch die Welt geht. Loben habe ich von meiner Mutter gelernt, ebenso die Achtsamkeit. Dennoch fiel es mir schwer, richtig zu loben, also nicht nur so nebenbei, sondern die Wertschätzung und Anerkennung richtig zu vermitteln.

Hier meine kurzen Tipps für die Praxis:

Nicht nebenher

Ein Lob, das nur so im Vorbeigehen gesagt wird oder im laufenden Betrieb, bleibt nicht immer beim „Gelobten" hängen. Nehmen Sie sich mehr als einen Augenblick, um einfach DANKE zu sagen.

Das Individuum loben, nicht immer das Team

Ein Lob an das Team ist „nett" und ist wichtig für das Gemeinschaftsgefühl, doch vergessen Sie nicht den Einzelnen. Loben Sie Ihre

Mitarbeiter auch öffentlich, achten Sie aber darauf, dass es nicht nur Ihren Liebling trifft!

Die Form ist variabel

Ob ein kleines Dankkärtchen, ein persönliches Dankeschön, eine E-Mail, eine Notiz auf der Gehaltsüberweisung (DANKE für deinen Einsatz) oder Ähnliches: Es gibt viele Formen des Lobens, das persönliche Danke ist jedoch immer noch die wertvollste Form. Versuchen Sie, jeden Tag ein bewusstes Lob auszusprechen!

Wie gut bin ich wirklich?

Die Antwort auf diese Frage erhalten wir bei der jährlichen Durchführung der anonymen Mitarbeiterbefragung. Diese Auswertung ist für unser Unternehmen eine wichtiges Kontrollinstrument zur Bewertung unserer Führungsqualität und zeigt die wirkliche Zufriedenheit der Mitarbeiter. Wer eine solches kritisches Hinterfragen seiner Führungsqualität nicht zulässt, der hat Angst vor der Wahrheit. Es ist, wie es ist und nicht, wie wir es gerne hätten. Wichtig ist, dass die Befragung absolut anonym ist und Sie als Führungskraft nicht versuchen, diese Anonymität aufzubrechen.

Aber ACHTUNG, eine solche Bewertung braucht eine entsprechende Vorbereitung, denn als Chef oder Führungskraft sind Sie es nicht immer gewohnt, dass Sie kritisch bewertet werden. Auch für mich ist es nach vielen Jahren dieser Bewertung durch die Mitarbeiter immer noch eine Herausforderung, die Ergebnisse sachlich zu betrachten und entsprechende Handlungen daraus abzuleiten. Im vergangenen Jahr wurde ich bei der Beurteilung „wie lebe ich in meinem Handeln vor, was ich von den Mitarbeitern erwarte" nicht sehr gut bewertet. Ich überlegte, grübelte und fragte auch in den Mitarbeitergesprächen, was ich ändern sollte.

Die sogenannte Chefreservierung war das Problem. Sie gibt es sicherlich in vielen Unternehmen. Es handelt sich hierbei um einen Auftrag, der vom Chef persönlich angenommen wird, wobei er nur die Hälfte der notwendigen Daten erfasst, sich nicht an die betrieblichen Regeln für Abläufe hält und dann erwartet, dass der Auftrag schnellstmöglich und hoch professionell von einem Mitarbeiter bearbeitet wird.

Ein kurzer Exkurs

Ich habe nur Mitarbeiter, die ich auch persönlich mag. Denn ich halte es für unsozial, jemanden zu beschäftigen, den man nicht mag. Er wird nie eine wirkliche Chance erhalten und auch der Chef wird keine Freude haben, egal wie qualifiziert der Mitarbeiter ist. Ich gebe zu, dass sich dieser Grundsatz sicherlich nur bis zu einer gewissen Betriebsgröße verwirklichen lässt, aber ich bin ja verantwortlich für meine Betriebsgröße.

Weitere Erfolgsfaktoren der Mitarbeiterführung

Auswahl der Mitarbeiter

Wir reagieren innerhalb von 24 Stunden auf eingehende Bewerbungen und behandeln diese mit der gleichen Gewichtung wie Kundenanfragen.

Es gibt keinen Stapel „B". Wenn ein Bewerber nicht das von uns definierte Anforderungsprofil erfüllt, bekommt er eine Absage. Entweder ja oder nein, vielleicht gibt es bei uns nicht mehr. Früher hatten wir immer einen Stapel „B" für den Fall, dass wir keine bessere Bewerbung erhalten.

Das Sechs-Augen-Prinzip bedeutet bei uns, dass der Bewerber nach dem Bewerbungsgespräch zunächst in der Abteilung arbeitet, für die er sich beworben hat, und in der zweiten Runde in einer Abteilung, von der er keinerlei Fachwissen hat. Wir erfahren hierdurch etwas über seine Fähigkeit, sich auf neue Situationen anzupassen beziehungsweise neue Aufgaben zu übernehmen. Am Ende entscheidet nicht nur ein Abteilungsleiter darüber, ob wir den Mitarbeiter einstellen, sondern mindestens zwei Abteilungsleiter plus der Chef.

Rituale und Wertschätzung

Am ersten Arbeitstag steht bei uns alles bereit. Büro, Arbeitswerkzeug, Namensschild, Postfach, alle Einstellungen am PC sind vorbereitet und es gibt ein kleines Willkommensgeschenk. Jeder Mitarbeiter bekommt einen Einarbeitungsplan und einen Paten zur Seite gestellt, der ihn in den nächsten Wochen betreut.

Der Bernd-Reutemann-Kennenlerntag

An einem Tag mache ich die Einführungsveranstaltung für unsere neuen Mitarbeiter. Sie erfahren etwas über unsere Firmenkultur, die Unternehmensgeschichte, unsere Werte und Vision und vor allem über ihren Chef und was diesem wichtig ist. Seit ich dies mache, ist die Bewertung auf die Frage „Mir sind die Firmenziele und die Unternehmensvision bekannt" deutlich besser geworden.

Schlossgeistergespräche

Nach sechs Wochen im Unternehmen führe ich mit meinen neuen Mitarbeitern ein erstes ausführliches Gespräch und nutze deren ungetrübte Sicht. Es geht um die Einarbeitung und Stimmung, um Ordnung und Sauberkeit etc. und auch darum, was ihnen besonders gut gefällt, wo sie Verbesserungspotenzial sehen und was sie ändern würden, wenn Sie Chef wären. Seit ich beim Arbeitsbeginn klar kommuniziere, dass ich bei diesem Gespräch auch erwarte, dass sie uns Tipps und Anregungen für Verbesserungen geben, geschieht dies auch.

Hartnäckig bleiben

Wenn man etwas von ganzem Herzen will, dann sollte man hartnäckig bleiben, auch wenn es im ersten Versuch nicht klappt. Ja, ich bleibe hartnäckig und habe auch manchmal zum Leidwesen meiner Mitmenschen eine unglaubliche Ausdauer. Geben Sie nicht auf, auch wenn es manchmal mühselig wird.

Ich habe mich lange Zeit darüber geärgert, dass Kopierpapier fehlte, seit einigen Jahren ist dies nicht mehr vorgekommen. Ich blieb hartnäckig und habe eine Strategie entwickelt. Ein roter Bestellschein liegt immer auf dem vorletzten Karton und jeder Mitarbeiter weiß, dass er den roten Bestellschein mitnehmen und in das Postfach Bestellung werfen muss, und das war's. Nichts aufschreiben, notieren oder so, einfach einwerfen. Das Leben kann so einfach sein.

Übrigens bin ich bei manchen Dingen so hartnäckig, weil ich es als meine Aufgabe ansehe, meinen Mitarbeitern ein optimales Arbeitsumfeld zu schaffen. Ich frage sie immer, was sie nervt oder daran hindert, optimal zu arbeiten.

Die erste Folie beim Meeting

Jedes ERMIMO-Meeting „Erster Mittwoch im Monat" beginnt mit der Folie über unsere Unternehmensvision: Wir sind die Nummer 1 als Hotel für Servicequalität und Lebensfreude.

Wir Schlossgeister sind bekannt dafür,

- Freude zu bereiten,
- respektvoll zu handeln,
- wirtschaftlich zu arbeiten sowie
- durch Ehrlichkeit zu überzeugen.

Bei jedem Meeting frage ich nach, was wir im vergangenen Monat dafür getan haben, wo wir zum Beispiel durch Ehrlichkeit überzeugt haben und wo wir besonders respektvoll waren. Ein Unternehmensleitbild darf nicht in der Schublade liegen oder an der Wand hängen. Machen Sie es zum Thema, und zwar immer wieder.

Übrigens, ich habe einige Zeit gebraucht, bis ich den Mut hatte, zu schreiben „Wir sind die Nummer 1". Früher hatte ich immer geschrieben „Wir werden die Nummer 1 sein". Dies hatte zur Folge, dass wir immer ausweichen konnten, ja wir werden irgendwann, doch noch nicht diese Woche oder dieses Jahr. Heute müssen wir jeden Tag durch unser Handeln beweisen, dass wir die Nummer 1 sind. Nicht immer gelingt uns dies, doch wir hinterfragen immer wieder, ob so die Nummer 1 für Servicequalität und Lebensfreude handelt. Wenn Sie also sagen, wir sind der freundlichste Baumarkt, die sympathischste Bank oder das kundenfreundlichste Taxiunternehmen, sollten Sie immer wieder überprüfen, ob Sie auch entsprechend handeln.

Klare Vision ersetzt viele Erläuterungen

Wir hatten im Tagungsbereich einen 15-jährigen Praktikanten. Auf einer unserer Checklisten ist vermerkt, dass der Moderationskoffer nach jeder Veranstaltung aufzufüllen ist. Dies machte der Praktikant auch, doch die Farbstifte und Moderationskarten waren nicht sortiert und der Koffer war so gepackt, dass der Deckel gerade noch zu ging. Ich holte den Praktikanten zu mir und erklärte ihm unsere Vision und fragte ihn dann, wie er den Moderatorenkoffer einräumen würde. Er begann sofort loszulegen, er sortierte die Stifte nach Farben, packte alles ordentlich ein und legte noch eine kleine Aufmerksamkeit für den Trainer dazu, eine Karte mit der Aufschrift „DANKE, dass wir Ihre Gastgeber sein dürfen" und eine kleine Schokolade als Energiespender für den Tag.

Winners make parties – losers make meetings

Erfolge zu feiern, ist ein wichtiger Bestandteil unserer Unternehmenskultur. Wann haben Sie den letzten Erfolg gefeiert? Ein Mitarbeiter sagte einmal „Chef, ich weiß immer genau, wenn wir hinter dem Budget zurückliegen, jedoch erfahre ich nur beim gezielten Nachfragen, wenn wir darüber liegen". Wenn Sie unternehmerische Ziele definiert haben, dann sollten Sie auch die Zielerreichung entsprechend anerkennen und feiern.

Unsere Meetings sind äußerst effizient, auf ein gesundes Maß reduziert worden und beginnen immer pünktlich, denn es wäre nicht gerade respektvoll, die anderen warten zu lassen. Wir beginnen übrigens nicht immer vollzählig!

Einmal wöchentlich gib es ein Führungskräftemeeting, ein 90 Minuten langes Planungs- und Feedback-Meeting. Dabei geht es um die Kundenbewertungen der vergangenen Woche, um die Berichte aus den Abteilungen, einen Rückblick sowie die Vorschau auf die kommenden sieben Tage.

Alle vier Wochen treffen sich alle Schlossgeister für 90 Minuten. Die Themen sind Kundenbewertung, Wahl des Kunden des Monats, Neues sowie Austausch zwischen den Abteilungen. Die Teilnahme an diesen Treffen ist freiwillig, es erscheinen aber immer 80 bis 90 Prozent aller Mitarbeiter.

Nein, ich habe nicht die günstigsten Mitarbeiter und auch nicht die geringste Personalkostenquote und ich sage auch jedem Mitarbeiter, dass es wichtigere Dinge im Leben gibt als dieses Unternehmen.

Ja, es gibt auch für mich wichtigere Dinge als unser Unternehmen, ich will keine Dynastie aufbauen, sondern meinen Mitarbeitern einen guten Arbeitsplatz bieten, den wir durch wirtschaftliches Arbeiten nachhaltig sichern. Ich mag meine Schlossgeister und bin dankbar dafür, dass ich sie habe, jeden Einzelnen von ihnen. Respekt, Achtung und die Würde des anderen nicht anzutasten, sind die wichtigsten Faktoren für unser Führungsmodell.

Damit die Liebe hält

Am Bahnhof in Weimar hatte ich meinen Zug verpasst. Deshalb ging ich zum Schalter, um mich nach den Möglichkeiten zu erkundigen, wie ich jetzt nach Hause kommen konnte. Eine Dame Anfang 30 mit blassem Gesicht und Konfektionsgröße 46+ begrüßte mich sehr freundlich. Ihr Lächeln war nicht gezwungen und sie suchte mir zügig die nächste und schnellste Verbindung heraus. Sie war einfach super-hilfsbereit und sprach mich sogar mit meinem Namen an. Woher wusste sie den? Ach ja, er stand auf der Bahncard.

Sagen Sie öfter DANKE als Zeichen der Anerkennung und Wertschätzung.

Zum Abschied bedankte ich mich und sagte zu ihr, dass sie die freundlichste Bahnmitarbeiterin sei, die ich bisher kennengelernt habe. Sie strahlte mich an und sicherlich war ich an diesem Tag für sie ein Energiebringer. Seit diesem Erlebnis sage ich allen Menschen, die mich freundlich bedienen oder für mich eine besondere Leistung erbringen, wie gut ich sie finde. Ich habe inzwischen auch eine besondere Visitenkarte, auf der steht vorn das Wort „DANKE" und auf der Rückseite meine Adresse.

DANKE! Jeden Tag versuche ich mindestens einer Person ein ganz besonderes DANKE zu geben. Versuchen Sie es doch auch einmal! Allein durch die einfache Anerkennung und Wertschätzung von besonderen Leistungen machen Sie diesen Menschen, die ihre Aufgaben mit Leidenschaft erfüllen, Mut und Lust auf mehr. Es ist wirklich ganz einfach, DANKE zu sagen. Und dann achten Sie darauf, was Sie in den Gesichtern dieser Menschen sehen.

Emotionale Worte entfalten nachweislich eine positive Wirkung. Auch als Designelemente. Wir haben in unserem Lokal einen beleuchteten Tresen, auf dem Begriffe wie Lebensfreude, Träume, Genuss, ehrlich und andere emotionale Worte stehen. Ob Sie es glauben wollen oder nicht, der Tisch mit den besten Umsätzen ist derjenige, von dem aus man ständig auf diesen Tresen blicken kann.

Auch Kinder möchten ernst genommen werden

Gerade für Kinder haben sich die Holiday Land Reisebüros und Thomas Cook einiges einfallen lassen und dabei großes Einfühlungsvermögen gezeigt. Kinder auf Reisen kindgerecht zu behandeln, ist schon für etliche Reiseveranstalter und Reisebüros ein Thema. Deshalb wurden für diese kleinen Kunden auch Spielsets entwickelt und Malvorlagen erstellt.

> **Kinder wollen nichts so sehr wie erwachsen zu sein.**

Aber was wollten auch Sie als Kind immer sein? Na klar, Sie wollten erwachsen sein. Und was hat der Erwachsene auf Reisen? Einen Ausweis, Geld und Kreditkarten. Was liegt also näher, als Kindern, die mit auf Reisen gehen, einen speziellen Kinderpass auszuhändigen, den sie als ihren „Ausweis" vorzeigen dürfen. Kinder lieben solche Symbole des Erwachsenseins, egal, ob es sich um Geldbeutel oder Handys handelt.

Es lohnt sich, hier weiter als bis dorthin zu denken, wo andere aufhören. Erinnern Sie sich doch einfach an Ihre eigene Kindheit und an das, was Ihnen damals Freude gemacht hat. Manche Dinge ändern sich, aber manche eben auch nicht. So haben Pfützen auch im Zeitalter von Web 2.0 noch immer auf Kinder eine magische Anziehungskraft, besonders wenn sie Gummistiefel tragen. Und ein Eis schmeckt immer noch am besten, wenn man es sich selbst holen darf. Selbst Eiszapfen, die im Winter am Auto hängen.

Kinder brauchen spezielle Serviceleistungen.

Der größte deutsche Schuhmarkenhändler Reno hat „Große Hilfe für kleine Füße – eine Initiative für gesündere Kinderfüße" ins Leben gerufen. In Zusammenarbeit mit Wissenschaftlern und Experten wurde das seit Dezember 2009 patentierte 3 E-Kinderschuhsystem entwickelt. 3 E steht für Echtservice, Echtgröße und Echtform. Mithilfe von modernsten Fußmess-Scannern werden die Schuhe für die Kinder von speziell geschultem Personal passgenau ausgewählt. Das gefällt mir als stimulanz- und dominanzorientiertem Mensch natürlich besonders gut.

Die Kinder erhalten bei Reno einen Fußmesspass, in dem die aktuelle Größe und Form des Fußes verzeichnet ist. Zu Hause erinnert dieser Fußmesspass die Eltern daran, die Füße ihres Kindes regelmäßig vermessen zu lassen. Und beim Schuhkauf findet man schnell die richtige Schuhform. Besonders gut an Reno gefällt mir die Kinderfreundlichkeit der geschulten Verkäufer, aber auch die Umweltverantwortung, die dieses Unternehmen aktiv lebt.

Damit die Liebe der Kunden und Gäste zu einem Unternehmen erhalten bleibt, ist es eben auch wichtig, zum Beispiel Umweltverantwortung zu leben und zu zeigen.

Servicequalität, wo man sie nicht erwartet

Einen Tag, bevor ich meinen Termin bei meinem Zahnarzt habe, bekomme ich von ihm einen Anruf oder eine SMS, die mich an den bevorstehenden Termin erinnert. Das Wartezimmer ist so interessant gestaltet, dass es mich vollkommen von dem ablenkt, was mir möglicherweise bevorsteht. Das gelingt auch durch die patientenorientierte Zeitschriftenauswahl, die nicht nur aus den abgelegten Magazinen besteht, die der Arzt selbst gern liest.

Man kann im Wartezimmer vor der Behandlung auch noch einen Schluck Wasser trinken oder in den Toilettenräumen mit Einwegzahnbürsten, Zahnseide und Mundwasser auch noch ein Last-Minute-Scrubbing vornehmen.

Im Behandlungszimmer selbst ist wieder für Ablenkung gesorgt. Man startet nicht in ein gleißend helles Licht, sondern kann auf einem an der Decke hängenden Bildschirm ein Programm seiner Wahl zum Thema Sport, Reise oder Entspannung anschauen. Kopfhörer dämpfen die Behandlungsgeräusche, dennoch kann der Arzt natürlich mit mir sprechen, wenn er eine Frage hat. Allerdings fällt es mir manchmal schwer, ihm zu antworten, wenn ich mehrere Wattetupfer im Mund habe.

Ablenkung von unangenehmen Begleiterscheinungen ist wichtig, um die Angst zumindest zu dämpfen. Auch das zeigt, wie man dem Menschen mit Liebe begegnen kann.

Dem Kunden zeigen, dass man ihn kennt

Die eigene Kleidung einzukaufen, ist für viele Männer eine echte Herausforderung. Auch für mich. Manchmal kommt man sich recht unbeholfen vor. Bei meinem Herrenausstatter vor Ort passiert mir das allerdings nicht. Auch wenn ich fast nie auf denselben Verkäufer stoße, weiß man dort, welche Größe ich habe und welche Marken ich in der Vergangenheit bevorzugte.

Alle Informationen, die der Verkäufer braucht, um mich schnell und individuell bedienen zu können, sind auf meiner Bonuskarte gespeichert. Ganz nebenbei weiß der Verkäufer natürlich auch noch, wie viel Umsatz man mit mir machen kann. Und weil man mir den Einkauf so leicht macht, bin ich ganz gegen meine schwäbische Gewohnheit auch noch bereit, immer ein bisschen mehr auszugeben als geplant.

Auch bei der Bank gibt es ein erstes Mal

Der Kunde war gekommen, um sich über die Finanzierungsmöglichkeiten seines Eigenheims zu informieren. Er war ganz euphorisch und erzählte voll Stolz von seinen Plänen und hatte sogar einige Bilder von dem geplanten Haus mitgebracht, die er auf dem Tisch ausbreitete. Und was tat sein Gesprächspartner von der Bank? Er erzählte von seinem eigenen Hausbau, gab Anregungen und ein paar ganz persönliche Geheimtipps aus der Zeit, als er selbst „Bauherr" war.

Er ließ sich auf die Begeisterung des Häuslebauers ein und ließ sich davon anstecken, obwohl es bestimmt schon die 50. Hausfinanzierung war, die er in diesem Jahr bearbeitet hatte. Aber das selbst erlebte Gefühl, wie er das erste Mal in seinem neuen Haus schlafen konnte, war ihm noch so gut im Gedächtnis, dass er nicht wie ein kühler Verkäufer von Finanzdienstleistungen auftrat, sondern als Gleichgesinnter.

Und als es dann zum ersten Spatenstich kam, war der Bankberater auf der Baustelle zugegen und überreichte seinem Kunden das „Bauherren-Starterset" der Bank, bestehend aus einem Zollstock, einem Paar Gummistiefel und einer Flasche Schnaps. Er war eben ein Mann der Praxis.

Abläufe aus Kundensicht gestalten

Eine Anwaltskanzlei bat mich, ihre Serviceabläufe zu optimieren. Ich habe alles hinterfragt und manches auf den Kopf gestellt, vom Eintritt der Besucher bis zur Korrespondenz. Seitdem gibt es in dieser Kanzlei weder den Briefschluss „Nach Diktat verreist" noch eine „Lass die mal warten, bis der Chef Zeit hat"-Mentalität bei den Mitarbeitern. Die Klienten werden umgehend über den aktuellen Sachstand informiert und die versprochenen Termine natürlich strikt eingehalten.

Die vorhandenen Stärken und Schwächen werden mithilfe einer permanenten Kundenzufriedenheitsbefragung aufgedeckt. Insofern gibt es in dieser Kanzlei keine Klagen mehr von den Kunden, sondern nur noch im juristischen Sinne. Auch wenn Mandanten oder Klienten die Dienstleistungen einer Anwaltskanzlei nur höchst sporadisch in Anspruch nehmen, ist es wichtig, sich trotzdem an ihren Wünschen zu orientieren. Denn gerade in den freien Berufen, in denen die Eigenwerbung strikt geregelt ist, kommt es auf die Mund-zu-Mund-Propaganda besonders an.

Von Angesicht zu Angesicht

Am Kornmarkt in Bregenz hat die Raiffeisenlandesbank Vorarlberg eine Filiale eröffnet, in der sich die Berater nicht hinter Bildschirmen verstecken. Das möchte man einfach nicht. Im Beratungsgespräch setzt die Bank sehr stark auf den persönlichen Kontakt, auf Einfühlungsvermögen und Empathie. Individualität und persönliche Wahrnehmung sind die Zauberworte für den Erfolg. „Dabei würde ein Computerbildschirm nicht nur ablenken, sondern auch stören", erklärt der Filialleiter.

Ein mutiger Schritt, den scheinbaren technischen Fortschritt aus dem Arbeitsprozess wieder herauszunehmen. Doch die Ergebnisse zeigen, dass diese Veränderung in den Abläufen richtig war. Damit die Liebe der Kunden hält, ist es eben manchmal auch wichtig, etwas nicht zu tun, was man tun könnte, und sich ein bisschen mehr Umstände zu machen und Zeit zu nehmen.

Wenn der Mensch zählt und nicht die Maschine

Seit 20 Jahren kaufe ich die gesamte Spültechnik für meine Betriebe von Hans-Peter Post. Ich konnte mich immer auf ihn verlassen. Die Maschinen, die er mir verkaufte, funktionierten immer einwandfrei, sein Service ist tadellos, und wenn doch einmal etwas nicht funktionieren sollte, rufe ich ihn einfach an und er kümmert sich darum.

Vor zwei Jahren wechselte Hans-Peter Post den Arbeitgeber und ist seither für die Firma Meiko tätig. Auch wenn ich mit der alten Marke meiner Spülmaschinen durchaus zufrieden war, wechselte ich sozusagen postwendend den Anbieter. Dass eine Maschine funktioniert, gehört zur Basisqualität. Aber Vertrauen, Empathie und Sympathie kann man nun einmal nicht überall erhalten. Wie wichtig die richtigen Mitarbeiter sind, merkt man manchmal erst, wenn man sie nicht mehr hat.

Sich selbst in die Pflicht nehmen

In meinem Baumarkt trugen die Mitarbeiter eine Zeit lang ein T-Shirt, auf dem stand: „Ich finde es innerhalb von vier Minuten oder Sie bekommen es geschenkt". Das war für mich als schwäbischer Kaufmann natürlich eine echte Herausforderung. Nicht, dass ich den Mitarbeitern dort das Leben künstlich schwer machen wollte, aber ich wollte es testen, denn ich brauchte eine M5 Flügelschraube.

Nach nicht einmal zwei Minuten waren wir am Ziel und ich hatte das Objekt meiner Wünsche in der Hand. Eigentlich war es für den Mitarbeiter ganz einfach, denn er hatte einen Personal Digital Assistant (PDA), einen kompakten, tragbaren Computer, der ihn sofort zum richtigen Regal führte. Wer weiß, wo man diese Geräte noch überall einsetzen könnte, um den Kunden das Suchen einfacher zu machen.

Vertrauen – jeder will wissen, was er bekommt oder was mit ihm geschieht

Sicher kennen Sie den Begriff Gerätemedizin. Ohne Medizintechnik können viele Krankheiten weder ausreichend diagnostiziert noch ergebnisorientiert behandelt werden. Doch diese Technik verunsichert den Patienten, weil er sie nicht mehr durchschaut.

Auch ich hatte Angst, als ich zu einer Herzuntersuchung ins Kranken-haus gehen musste. Aber mein Arzt, der Kardiologe Dr. Jäger, hatte dafür Verständnis. Er erläuterte mir die Untersuchungen, und erklärte mir, was er wie womit tun würde. Dafür nahm er sich Zeit. Er sprach mit mir, ohne dass ich ein lateinisches Wörterbuch benutzen musste, und so wuchs in mir das Vertrauen. Er hatte mit seinen Worten meine Erwartungen bereits übertroffen.

Ganz nebenbei erklärte er mir außerdem noch, dass die Pflegemitar-beiter in ihrer Ausbildung sehr genau mit den Emotionen ihrer zu-künftigen Patienten vertraut gemacht werden. Sie kennen die Ängste und Unsicherheiten, denen die Patienten in einem modernen Kran-kenhaus ausgesetzt sind. Im Medizinstudium kommen diese Aspekte, wenn überhaupt, nur am Rande vor.

Als ich nach der Untersuchung erleichtert wieder gehen konnte, war mir klar, der Kardiologe Dr. Jäger ist nicht nur ein Arzt fürs Herz, sondern auch mit Herz. Sicherlich hat er diesen Beruf nicht aus Zufall, sondern aus Berufung gewählt.

Vertrauen heißt: Alles ist in Ordnung, auch, was man nicht sieht.

Kaum einem Produkt stehen die Deutschen so skeptisch gegenüber wie den Nahrungsmitteln. Manchmal ist es berechtigt, wenn Verbrau-cherorganisationen mahnend den Finger erheben, aber manchmal dient dies auch nur dazu, sich selbst bei den Verbrauchern wieder in Erinnerung zu bringen.

Ich bin für Transparenz. Jeder in meinem Restaurant darf erfahren, wie sich zum Beispiel ein Schokoladentörtchen zusammensetzt und wie aufwendig es ist, diese Speise herzustellen. Deshalb liefern wir auch das Rezept dazu, und wer will, kann versuchen, es zu Hause selbst ge-nau so gut hinzubekommen, wie wir es können. Wir drücken ihm die Daumen. Aber wir haben eben auch schon oft gehört, „So lecker wie Sie es können, konnte ich es dann doch nicht. Irgendwie schmeckt's bei Ihnen doch besser."

Nicht nur das Auge isst mit – weshalb es selbst bei scheinbar simplen Gerichten auf das Produktdesign ankommt, also darauf, wie sich das Essen auf dem Teller präsentiert –, sondern auch alle anderen Sinne.

Selbst Hausmannskost und scheinbar einfache Gerichte wie Bratkartoffeln benötigen die richtigen Produkte und das richtige Know-how bei der Herstellung.

Welche Kartoffelsorte soll man nehmen? Soll man die Kartoffeln vorkochen und wenn ja, wie lange? In welchem Fett werden sie gebraten? Ist das egal? Nimmt man Butter, und wenn ja, welche? Oder nimmt man ein Öl, und wenn ja, welches? Kommen erst die Zwiebeln in die Pfanne oder später? Werden sie gesondert gebraten oder vorgedämpft? Jeder Koch wird auf eine ganz bestimmte Zubereitungsweise schwören, die er hundertprozentig beherrscht, und die Ergebnisse werden in der Regel ähnlich, aber nicht gleich sein. Und nur der Gast entscheidet, was ihm letztlich wirklich schmeckt.

Diese Überlegungen gelten keineswegs nur für die Gastronomie und für Nahrungsmittelbetriebe. Nicht nur Bäcker und Metzger können ihren Kunden sagen, was im Brot oder in der Wurst ist und wie das jeweilige Produkt zubereitet wird. Auch Tischler könnten ihre Kunden darüber aufklären, dass Holz nicht gleich Holz ist, und Schlosser, dass Stahl nicht gleich Stahl ist.

Der Kunde schätzt Ehrlichkeit und Offenheit.

Warum tun so viele Unternehmen so, als wenn sie das, was sie machen und womit sie arbeiten, verheimlichen müssten? Wovor fürchten sie sich? Selbst wenn dem Kunden die Details nicht wichtig sind, Ehrlichkeit und Offenheit wird er auf jeden Fall zu schätzen wissen.

Wenn ich Ihnen ein Schnitzel serviere, in dem sich ein Loch befindet, wird Sie das zunächst vielleicht irritieren. Wenn aber an diesem Loch noch ein Schild befestigt ist, auf dem steht „nur original mit Loch" werden Sie wahrscheinlich den Kellner oder die Kellnerin fragen, was das zu bedeuten hat. Denn ein Schnitzel mit Loch kennen Sie nicht. Wir können Ihnen dann erklären, dass dieses Schnitzel nicht auf dem heißen Pfannenboden gelegen hat, sondern in heißes Fett gehängt wurde, um schwimmend von allen Seiten ganz gleichmäßig knusprig zu werden. Haben Sie nicht auch Produkte, über die Sie eine Geschichte erzählen können?

Vielleicht sagen Sie mir jetzt „Nein, da gibt es nichts, alles ist so, wie es ist. Es gibt keine Möglichkeit, mich von anderen zu unterscheiden."

Ehrlich gesagt, das glaube ich nicht. Ein Schokokuss ist ein Schokokuss, nicht wahr? Aber wenn Sie ihn in der Seminarpause serviert bekommen und auf dem Schokokuss steht „e = mc²", die berühmte Formel von Albert Einstein, dann verstehen Sie, dass ein Schokokuss eine kleine Kalorienbombe sein kann, die Ihr Gehirn mit dem notwendigen Zucker versorgt. Und wenn auf einer Banane steht „vernasch mich" oder „schmeck mich", dann ist der Aufforderungscharakter, zuzugreifen, gleich viel höher.

Solche Art von Beschriftung wird natürlich von manchen Menschen als albern abgetan. Aber die meisten unserer Gäste, auch die, die da nicht zugreifen, sehen darin über das Produkt hinaus ein Kommunikationsangebot. Sie brauchen nicht stumm neben einem anderen Gast zu stehen, sondern können sich mit ihm am Frühstücksbuffet vielleicht darüber unterhalten, ob er lieber das Frühstücksei haben möchte, auf das ein lachendes Gesicht gemalt ist oder das andere, das eher nachdenklich dreinschaut.

Nur wenn Sie Ihre Produkte und Dienstleistungen weiterentwickeln, können Sie einzigartig werden.

Machen Sie sich nichts vor. Produkte und Dienstleistungen sind nicht einfach nur so da, sondern lassen sich entwickeln. Und diese Entwicklung lässt sich auch kommunizieren. Im Bereich der Gastronomie und der Hotellerie haben wir Speise- und Getränkekarten, Angebotsmappen und Pauschalangebote. Wir können unseren Service modifizieren und wir können unseren Mitarbeitern Informationen geben und mit ihnen Verhaltensweisen trainieren, die uns einzigartig machen. Das sollte bei Ihnen nicht funktionieren? Ich glaube es nicht.

Damit die Liebe hält – Seien Sie auch in der Werbung einzigartig

Wir haben für unser Mundart-Lokal eine Anzeige geschaltet, die zwei knackig-frische Rosenkohlröschen zeigt. Unser Text dazu lautet: „Wenn Sie im Winter Tomaten auf dem Teller haben – dann sind Sie nicht bei uns – denn wir kochen ehrlich regional". Und in der Fußnote heißt es dann: „Zum Beispiel Rosenkohl, ein typisch regionales Wintergemüse enthält …". Und jetzt geht der Satz weiter mit einer Beschreibung dessen, welche Inhaltsstoffe Rosenkohl hat und warum diese die natürlichen Abwehrfunktionen des Immunsystems unseres Organismus unterstützen.

Natürlich zielen wir mit dieser Anzeige ganz klar auf jene Wettbewerber, die das ganze Jahr über ihre Speisekarte nicht ändern und sommers wie winters zum Beispiel Tomaten servieren. Wenn wir also einzigartig sein wollen, müssen wir uns von anderen positiv unterscheiden, und zwar nicht nur in dem, was wir tun, eben Rosenkohl statt Tomaten zu servieren, sondern auch in dem, warum wir es tun. Wir servieren Rosenkohl nicht, weil im Großmarkt nichts anderes erhältlich wäre, sondern weil ein Wintergemüse im Winter eben einfach besser und gesünder ist als importierte Ware.

Wenn wir einzigartig sein wollen, müssen wir uns von anderen positiv unterscheiden, und zwar nicht nur in dem, was wir tun, sondern auch in dem, warum wir es tun.

Jede Überraschung braucht Mut

Wie soll man nun beginnen, wenn man selbst das Service-Kamasutra praktizieren möchte? Der erste Schritt besteht eigentlich immer im Perspektivwechsel. Denken Sie wie Ihr Kunde. Versuchen Sie, seine Wünsche vorherzusehen und seine Erwartungen zu übertreffen.

Denken Sie wie Ihr Kunde.

Bei mir im Hotel war es so, dass sich immer häufiger Wandergruppen für eine Nacht Zimmer reservieren ließen. Sie trafen im Laufe des Nachmittags im Hotel ein, blieben dann über Nacht und zogen am nächsten Tag zu einem anderen Ort weiter. Wir überlegten also, wo einem Wanderer im wahrsten Sinne des Wortes am meisten „der Schuh drückt". Na klar, an den Füßen. Also stellten wir für jeden ein Willkommenspaket bereit, bestehend aus einem Vital-Fußbad und einem Paar Reserve-Schnürsenkel.

Die Idee kam an. Das Hotel, in dem die Wanderer die Nacht zuvor verbracht hatten, war nicht auf diese Idee gekommen. Wir blieben eindeutig in besserer Erinnerung. Und dann haben wir weiter gedacht. Was könnten wir für die tun, die nicht zu Fuß, sondern mit dem Fahrrad unterwegs sind? Wie wär es mit einer Ringelblumen-Regenerationscreme, mit Flickmaterial für die Fahrradreifen beziehungsweise mit einem Fahrrad-Reparaturservice oder mit kleinen SIGG-Trinkflaschen, wenn Kinder dabei sind? Kinder haben unterwegs immer Durst.

Wer wartet, leidet

Das Service-Kamasutra lässt sich aber nicht nur in Hotels und Gaststätten anwenden. Was erwarten Sie als Patient, wenn Sie zu einem Arzttermin gehen? Die meisten erwarten, dass sie trotz eines Termins warten müssen. Dafür gibt es dann das Wartezimmer. Und je besser der Ruf des Arztes ist, desto voller ist es auch oft. Die meisten Patienten blättern in den manchmal Monate alten Zeitschriften und oft herrscht in diesem Raum ein bleiernes Schweigen.

Wie wäre es, wenn man dort nette Musik hören würde? Wenn es Getränke gäbe, auch für Kinder in netten bunten Bechern? Und was ist, wenn der Arzt die Erwartung der Patienten, warten zu müssen, dadurch durchbricht, dass er sich zu absoluter Termintreue verpflichtet? Das geht.

Überall wo Menschen zusammenkommen, wirkt das Service-Kamasutra.

Natürlich kann kein Arzt vorhersagen, ob nicht vielleicht ein Notfall dazwischenkommt und deshalb der sorgfältig erstellte Terminplan über den Haufen geworfen werden muss. Ein solcher Zwischenfall kann aber erklärt werden, und wenn man den Patienten sagt, dass sie alle 30 Minuten später an die Reihe kommen, kann jeder einzelne entscheiden, ob er bleiben will oder zwischendurch die Praxis verlässt. Ein Arzt, den ich selbst gelegentlich aufsuche, kam auf die Idee, jedem Patienten, der länger als 15 Minuten warten musste, ein „Rubbellos" zu schenken. So hatte der Patient zumindest die Chance, sich reich zu warten.

> **Zeigen Sie Ihrem Kunden, dass Sie wie er denken.**

Der nächste Schritt beim Service-Kamasutra besteht darin, nicht nur wie der Kunde zu denken, sondern ihm zu zeigen und für ihn sichtbar zu machen, dass man wie er denkt. Haben Sie in einem Hotel schon einmal unters Bett geschaut? Was gab es da zu sehen? Staub oder einfach nur gar nichts?

Gäste, die bei uns unters Bett schauten, sahen zu ihrer großen Überraschung ein Schild. Darauf stand: „Herzlichen Glückwunsch. Sie haben eine Flasche Wein gewonnen – bitte melden Sie sich beim Schlossgeist an der Rezeption. Ehrlich gesagt, auch bevor ich diese Geschichte öffentlich machte, haben sich schon viele Gäste an der Rezeption gemeldet. Die es taten waren rundum begeistert, denn sie legten Wert auf höchste Perfektion, deshalb schauten sie auch selbst unters Bett. Und wir haben ihnen gezeigt, dass wir genauso denken wie sie.

Das Gleiche gilt auch für den Elektriker, der pünktlich zur vereinbarten Zeit an meiner Wohnungstür klingelte. Als er unseren hellen Teppichboden sah, griff er ohne ein Wort zu verlieren in seine Werkzeugtasche und holte ein Paar Überschuhe heraus, die er überstreifte. Elektriker sind nicht einmal dafür bekannt, besonders schmutzige Schuhe zu haben. Aber hier waren wir sicher, dass er auch bei seiner Arbeit keinen Schmutz hinterlassen würde, weil er genauso denkt wie seine Kunden.

Im Friseursalon wurde ich gefragt, ob ich den Haarschnitt mit oder ohne Überraschung haben wollte. Ich hatte sofort zwei Gegenfragen parat. Erstens, was kostet es, und zweitens, darf meine Frau davon erfahren? Es kostet nichts und sie darf es erfahren. Also entschied ich mich für die Überraschung.

Ich erhielt also vor dem Haarschnitt eine Erlebniswäsche mit Kopfmassage, was ich sehr gern mag, und nach dem Haarschnitt wurden meine Haare noch einmal gewaschen, um die kleinen Haarreste von der Kopfhaut zu entfernen, die manchmal so unangenehm jucken. Die Idee dieses Friseursalons fand ich prima. Aber noch besser fand ich, wie die Geschichte verkauft wurde, und die zweite Haarwäsche war tatsächlich eine Überraschung.

Probieren Sie Neues aus.

Damit sind wir auch schon beim dritten Schritt zum Service-Kamasutra, und der heißt: Neues probieren! Einfach einmal die ausgetretenen Pfade verlassen.

Um unser Hotel bekannter zu machen, haben wir bei verschiedenen Gelegenheiten, wie zum Beispiel bei Messen in Friedrichshafen, die „Aktion Stauengel" durchgeführt. Die Mitarbeiter trugen eine Warnweste, auf der stand „Schlossgeist im Einsatz" und der Name unseres Hotels, und sie verteilten 5.000 kostenlose Getränke an Autofahrer, die im Stau stehen mussten.

Diese Aktion erregte bundesweit in der Presse Aufmerksamkeit. Wir hatten eben einfach etwas Neues probiert: dass nicht der ADAC oder andere Hilfsorganisationen den Autofahrern zu Hilfe kamen, sondern wir als eine private Initiative. Wir haben uns in die Situation der Autofahrer versetzt und ihnen gezeigt, dass wir so denken wie sie und bereit sind, ihre Wünsche zu erfüllen.

Helden vom Bau

Es gibt unzählige Geschichten von Chaos und Pfusch auf Baustellen. Es gibt aber auch die „Helden vom Bau". In Ravensburg hat sich die Handwerkerkooperation „ProRavensburg" dem Kundenservice verschrieben und ist so zum Vorbild in vielen Bereichen geworden. Ob mit Termintreue, Sauberkeit am Bau, dem Erstellen von Fotodokumentationen über den Baufortschritt für den Kunden oder mit der Organisation von Hotelübernachtungen, solange die Farbe im Schlafzimmer trocknet – immer war diese Kooperation etwas besser und auch etwas anders als ihre Wettbewerber.

Besonders gelungen finde ich die Aktion „Kinder am Bau". Wenn der Auftraggeber eine Familie mit kleinen Kindern ist, erhalten diese zum Baubeginn ihre eigene Arbeitsausrüstung, bestehend aus Helm, Handschuhen und Kinderwerkzeug. Das spricht sich natürlich herum: „Mundfunk ist besser als Rundfunk".

Was nicht nur wir, sondern alle erkannten, die mit Service-Kamasutra begonnen haben, ist: Der Mut zu Überraschungen wächst mit der Erfahrung!

Der Mut zu Überraschungen wächst mit der Erfahrung!

177

Wie Sie die Regeln des Service-Kamasutra umsetzen

In diesem Kapitel finden Sie ...

* Checklisten und
* Ideensammlungen für die Praxis

38 Serviceideen für den kleinen Wow-Effekt

Hier eine Liste von Serviceideen, die bei Ihren Kunden oder Gästen einen kleinen „Wow-Effekt" auslösen werden. Sie können in verschiedenen Branchen angewendet werden.

1. Leih-Regenschirm mit Werbeaufdruck

Es regnet in Strömen. Der Gast oder der Kunde hat aber keinen Regenschirm dabei. Was tun? Leihen Sie ihm einen Schirm, am besten einen mit eigenem Werbeaufdruck. Leih-Regenschirme sind natürlich besonders für Hotels geeignet, die diese den Gästen für die Dauer ihres Aufenthalts kostenlos zur Verfügung stellen. Auch die Kunden von Friseursalons wären dankbar, wenn sie mit der neuen Frisur nicht ungeschützt durch den Regen laufen müssten, und sie würden beim nächsten Friseurbesuch den Leihschirm wieder zurückbringen.

Kunden, die ihr Auto zur Inspektion oder Reparatur in die Werkstatt geben und dann mit öffentlichen Verkehrsmitteln ins Büro fahren müssen, werden bei schlechtem Wetter gern einen Leih-Regenschirm annehmen. Aber auch Banken und Sparkassen, Supermärkte und andere Läden könnten ihren Kunden Schirme zur Verfügung stellen, die diese beim nächsten Besuch beziehungsweise Einkauf wieder zurückbringen.

2. Schnellzahlerprämie

Ein Mahnwesen betreiben die meisten Dienstleister, doch wie wäre es, wenn Sie Kunden belohnen, die schnell bezahlen oder pünktlich die benötigten Unterlagen abgeben? Eine kleine Anerkennung zeigt, dass Sie es bemerkt haben.

3. Unbürokratisch und schnell

Das Thema Beschwerdemanagement beschäftigt viele Unternehmen. Prüfen Sie selbst, ob Sie nicht eine Zufriedenheitsgarantie geben können wie zum Beispiel ein Seminaranbieter, der seinen Kunden die Möglichkeit gibt, bei Nichtgefallen das Seminar am ersten Tag bis 12 Uhr zu verlassen. Das Geld bekommen sie ohne Wenn und Aber zurück.

4. Kinder–Kinder

In Restaurants ist es inzwischen Standard, dass es eine Kinder-Spielecke gibt und dass der Gast einen Fläschchenwärmer erhalten kann. Aber existiert auch ein Kinderwagenparkplatz? Sehr selten. Und wer hat ein Notfallset mit Ersatzwindeln für seine kleinen Gäste? Für mich gehören diese Dinge zum Service eines guten Restaurants. Aber nicht nur dort.

So könnten zum Beispiel auch größere Buchläden, Kaufhäuser, Modegeschäfte oder Möbelhäuser mit solchen Leistungen die Zufriedenheit ihrer Kunden erhöhen. Noch besser wäre es natürlich, wenn eine Kinderbetreuung angeboten wird, damit die Mutter ganz in Ruhe einkaufen kann. Denken Sie auch daran, dass Kinder erwachsen sein wollen. Wie wäre es mit einer kleinen Treppe am Bankschalter oder einer Kinderkasse im Kaufhaus? Kinder freuen sich auch immer über kleine Spielsachen, die sie bei jedem Besuch sammeln können. Sie finden es auch enorm spannend, wenn sie einen Blick hinter die Kulissen, in die Werkstatt oder Küche werfen dürfen.

5. Das erste Mal

Meinen ersten Brief bekam ich als Kind von der Volksbank Kehlen, dies war 1975. Heute bin ich immer noch Kunde bei dieser Bank. Woher aber der zweite Brief kam, weiß ich nicht mehr, wahrscheinlich vom Finanzamt, denn dort bin ich auch immer noch Kunde.

6. Kostet nichts – bringt viel

Seien Sie im Gespräch mit Kunden oder Mitarbeitern absolut präsent und achtsam. Ihr Gegenüber merkt sehr deutlich, ob Sie in Gedanken dabei sind oder geistig abwesend. Und ein Lächeln sagt mehr als viele Worte.

7. Ihre Waschmaschine hat Geburtstag

Ein Händler von Weißware sendet ein Jahr nach dem Kauf der Waschmaschine eine Geburtstagskarte an die „Miele", schenkt dem Gerät ein Entkalkungsmittel und freut sich auf noch viele gesunde Jahre. „Auf Wunsch machen wir auch Hausbesuche und führen einen Gesundheitscheck durch."

8. Schild für Schattenparkplatz

Hassen Sie es, im Sommer in Ihr aufgeheiztes Auto zu steigen, das stundenlang in der prallen Sonne gestanden hat? Ihre Gäste und Kunden tun das auch. Wenn Sie also über einen Parkplatz mit Bäumen, die Schatten bieten, verfügen, dann bringen Sie doch einfach zwei Schilder an, eines mit der Aufschrift „Hier ist am Vormittag Schatten" und das zweite mit „Hier ist am Nachmittag Schatten".

9. Reinigung Auto, Schuhe etc.

In einem guten Hotel gehört es inzwischen zum Service, dass die Gäste ihre Schuhe putzen oder ihre Kleidung reinigen lassen können. Häufig steht da allerdings nur ein Schuhputzautomat. Warum bietet man den Gästen nicht auch an, während sie an einem Seminar teilnehmen, den Wagen waschen zu lassen?

10. Eine kleine Aufmerksamkeit für Schnupfennasen

In den Wintermonaten nimmt die Grippewelle ihren Lauf: Husten, Schnupfen, Heiserkeit stehen an der Tagesordnung. Als kleine Aufmerksamkeit mit großer Wirkung können Sie eine „Schnupfenbar" aufstellen, an der es kostenlos Tempotaschentücher und Hustenbonbons gibt.

Dieselbe Bar kann im Sommer als „Heuschnupfenbar" dienen. Ihre Kunden danken Ihnen diesen Service! Das Wichtigste darin wäre eine aktuelle Pollenflugvorhersage, aber auch über eine Packung Taschentücher, einen die Symptome lindernden Tee, ein neutrales Haarwaschmittel oder vielleicht eine Nasensalbe würden sich die Gäste freuen.

11. Brillenputzservice bei Wartezeit

Bieten Sie Ihren Gästen doch einmal an, dass Sie ihre Brille reinigen. Ein entsprechendes Reinigungsgerät erhalten Sie bei jedem Optiker. Oder der Kunde kann während der Wartezeit seine Brille selbst reinigen. Dieser Service eignet sich hervorragend für Arztpraxen.

12. Brillenputztuch

Sind Sie selbst Brillenträger? Dann wissen Sie, dass besonders in den kalten Wintermonaten die Gläser beim Eintritt in einen warmen Raum sofort anlaufen. Der Durchblick geht für kurze Zeit völlig verloren. Notdürftig nimmt man sich ein fusselndes Taschentuch oder einen Zipfel des Pullovers zu Hilfe. Wie gut wäre es, in diesem Moment ein Brillenputztuch zur Hand zu haben! Nutzen Sie diese Gelegenheit. Richten Sie für Ihre Kunden eine „Brillenputzstation", also eine Sitzgelegenheit mit Brillenputztüchern, ein, an der diese sich wieder den Durchblick verschaffen können.

13. Autoreinigung nach der Reparatur

Ich finde es immer wieder gut, wenn ich meinen Wagen aus der Werkstatt hole und diese nicht nur die gewünschte Inspektion gemacht hat, sondern ihn auch noch unaufgefordert kostenlos gewaschen hat. Doch dies ist leider bisher nur in einigen wenigen Markenwerkstätten der Fall. Warum eigentlich? Noch weiter gedacht, wie wäre es mit einer kleinen Überraschung für den Fahrer im Handschuhfach? Er wird nicht sofort reinschauen, aber irgendwann das kleine Präsent finden und sich freuen.

14. Der Skischuh mit Überraschungseffekt

Der neue Skischuh war gekauft und eine neue Tasche auch noch dazu. Der Händler benötigte den Schuh noch für das Einstellen der Ski und dann konnte ich alles am kommenden Tag abholen. Als wir dann das erste Mal zu Skifahren gingen, fand ich im Skischuh eine nette Postkarte mit der Aufschrift „Viel Spaß beim Skifahren und DANKE, dass Sie unser Kunde sind".

15. E-Mail mit Bild vom Absender

In meinen E-Mails habe ich nicht nur die Adresse und Telefonnummer meines Hotels, sondern auch immer ein Foto von mir. Das gibt den Mails einfach einen persönlicheren Eindruck und wird von den Empfängern positiv angesehen.

16. Gepäckhaken

Wenn der Gast mit einem Koffer reist, kann er ihn ohne Probleme beim Ein- oder Auschecken an der Rezeption abstellen. Was ist aber, wenn dieser einen Gepäcksack dabei hat? Sorgen Sie also dafür, dass an der Rezeption ein Haken vorhanden ist, wo dieser Kleidersack aufgehängt werden kann. Das gleiche Problem tritt in den Zimmern auf. Auch dort fehlt meist ein Haken.

17. Dreidimensionale Dinge in Briefen

Ich lege gern dreidimensionale Dinge in Briefe rein, kleine Hingucker, die die Empfänger positiv überraschen. Wenn Sie das auch tun wollen, achten Sie aber darauf, dass die maximale Dicke von Postbriefen nicht überschritten wird und Sie das entsprechende Porto draufkleben. Standardbriefe dürfen maximal 5 mm dick sein, Kompaktbriefe 10 mm, Großbriefe 2 cm und Maxibriefe 5 cm. Wenn der Empfänger Nachporto zahlen muss, wird die positive Wirkung garantiert ausbleiben.

18. Wartezeiten angenehm gestalten

Versüßen Sie Ihren Kunden die Wartezeiten mit kleinen Leckereien und etwas zum Trinken. Über eine Schale mit Gummibärchen, Obst oder anderen regionalen Produkten freuen sich Groß und Klein. Mithilfe von Wasserterminals kann der Durst vor allem in den heißen Sommermonaten gestillt werden. Für die kurzweilige Gestaltung der Wartezeiten sollten Sitzmöglichkeiten mit Lesematerial angeboten werden.

19. Wer ist für mich zuständig?

Schaffen Sie Transparenz! Ihre Kunden finden es toll, wenn sie wissen, wer für ihr Anliegen zuständig ist. Bei einer Teamgröße von bis zu 15 Mitarbeitern kann im Eingangsbereich eine Übersichtstafel positioniert werden, auf der sich von jedem Mitarbeiter ein Foto befindet sowie die Bezeichnung seiner Position oder seines Arbeitsgebiets. So erkennen die Kunden sofort, wer für ihr Anliegen zuständig ist oder mit welchem Mitarbeiter sie eventuell bereits telefoniert haben.

20. Es muss nicht immer „mit freundlichen Grüßen" sein

Beenden Sie Ihre Korrespondenzen doch einmal mit einem besonderen Briefschluss. Wie wäre es mit sonnigen, winterlichen, herbstlichen, schillernden, gastfreundlichen, frühlingshaften, gut gelaunten oder vorweihnachtlichen Grüßen? Ihrer Fantasie sind hierbei keine Grenzen gesetzt.

21. Wenn es wieder frostig wird

In den Wintermonaten können Sie mit einem Frost-Notfallset am Parkplatz Ihren Kunden eine Freude machen. Dazu gehören ein Enteisungsspray, ein Eiskratzer und eine bedruckte Faltpappe, die man zum Schutz vor Eisbildung auf die Frontscheibe legt.

22. Dieses Fax wurde nicht elektronisch erstellt

Faxe wirken in der Regel sehr unpersönlich. Das muss aber nicht sein. Eine persönliche Unterschrift und der Hinweis, dass dieses Fax individuell für den Empfänger erstellt wurde, werden Ihre Kunden positiv überraschen.

23. Daran gedacht

In Apotheken und Rehabilitationsbetrieben können Sie Menschen mit Gehhilfen eine Freude machen, wenn Sie spezielle Halterungen für Stöcke und Rollatoren im Empfangsbereich anbringen. Barrierefreie Zugänge und Parkmöglichkeiten direkt vor dem Eingang werden dankend angenommen.

24. Das Örtchen mit Servicegarantie

Mit Hygieneartikeln auf der Toilette machen Sie jedem Kunden eine Freude. Ein Haarspray für den guten Sitz der Frisur, ein Deo für den guten Duft und eine Handcreme gegen trockene Haut nach dem Händewaschen. Dieses Sortiment kann beliebig erweitert werden. Auch auf der Herrentoilette kommen diese Kleinigkeiten sehr gut an.

25. Werbung in den Toilettenräumen

Wo hat der Kunde ungestört Zeit, Werbung zu lesen? Richtig! Auf der Toilette! Nutzen Sie diese Aufmerksamkeit für innovative Werbung an der Türe der Damentoilette oder über dem Pissoir der Herrentoilette.

26. Der Preis ist heiß

Rätsel- und Gewinnspiele finden die meisten Kunden toll, vor allem, wenn man einen attraktiven Preis dabei gewinnen kann! Für das Spiel können Alltagsprodukte benutzt werden. Das Schätzen des Gewichts eines Kürbisses oder der Anzahl von Kaffeebohnen in einem Glas sind gute Möglichkeiten. Wichtig ist es, den Gewinner nach dem Abschluss des Spiels bekannt zu geben.

27. Es muss nicht immer die Weihnachtskarte sein

Wie wäre es zum Beispiel mit einer Neujahrskarte im Januar nach dem Motto „Wir vergessen Sie nicht, doch sicherlich hatten Sie in der Weihnachtszeit viel zu tun". Oder Sie erfreuen Ihre Kunden im Frühjahr mit einem Gruß inklusive Blumensamen, Anfang Mai mit einem Gedicht mit Maibowlenrezept, zur Volksfestzeit mit einem Lebkuchenherz oder im Winter mit einem Gruß mit Instant-Glühwein. Selbstverständlich können Sie Ihre Grüße mit der Ankündigung eines neuen Produkts, einer neuen Serviceleistung oder mit anderen Neuigkeiten aus Ihrem Unternehmen verbinden. Je überzeugender Ihnen das gelingt, desto besser wird sich die Information in den Köpfen Ihrer Kunden festsetzen.

28. Einfach mal DANKE sagen

Sich bedanken, Kundennähe zeigen, sich in Erinnerung rufen und Kunden zum Kauf anregen, all das können Sie mit einer persönlichen Dankekarte. Sie signalisieren dem Empfänger, dass Sie auch an ihn denken, wenn er gerade einmal nicht kauft. Gründe zum Danke-Sagen gibt es genug. Bedanken Sie sich für den ersten Kauf, für Weiterempfehlungen, für erfolgreich abgeschlossene Projekte, erhaltene Beschwerden, Kundentreue oder einfach ein Jahr nach dem Kauf.

29. Das Service-Taxi

Die Begrüßung der Fahrgäste mit einem freundlichen Lächeln, ein tiptop sauberes Auto, ordentliche Kleidung des Fahrers und ein Namensschild gehören für mich zu einem Service-Taxi. Aber das reicht nicht. Wie wäre es, wenn der Gast freundlich nach seinen Musikwünschen gefragt wird und auf dem Rücksitz eine Tageszeitung bereitliegt? Nach dem Bezahlen faltet der Fahrer den Beleg mit dem Hinweis „jetzt passt er in den Geldbeutel" und verabschiedet sich freundlich. Bei längeren Fahrten erhält der Fahrgast kostenlose Erfrischungsgetränke und eine fertig frankierte Lob-Kritik-Karte mit dem Namen des Fahrers und der Taxinummer.

30. Der Service-Schreiner

Schon bei der Angebotsabgabe setzt ein Service-Schreiner deutliche Zeichen seiner Kundennähe und Professionalität. Kunden, die zum Beispiel ein Angebot für einen Eichentisch anfordern, finden im Kuvert nicht nur das schriftliche Angebot, sondern zusätzlich ein Stück Eichenholz und, anstelle sonst üblicher Visitenkarten, eine kleine, ansprechend gestaltete Broschüre mit Wissenswertem über Eichenholz inklusive Abbildungen ansprechender Musterbeispiele. Damit hebt sich der Handwerker deutlich von seinen Mitbewerbern ab, schafft über das Stück Holz emotionalen Bezug zum künftigen Produkt, hat einen positiven Überraschungseffekt und hinterlässt bei seinen Kunden einen nachhaltigen Eindruck.

31. Die Service-Kanzlei

Ob Anwalts-, Unternehmensberater-, Versicherungsmakler- oder Steuerberaterkanzlei, der Empfang hat das Niveau eines guten Hotels, die

Mitarbeiter sind geschult und wissen, dass nicht nur das Lächeln am Telefon zu hören ist, sondern auch das Aufschlagen des Hörers am Ende des Gesprächs. Der Mandant wird mit Namen begrüßt und umgehend in das Besprechungszimmer gebeten. Sollte es zu Wartezeiten kommen, steht eine Sitzgruppe in angenehmer Atmosphäre bereit. Ausreichend Parkplätze und eine gute Beschilderung machen den Besuch auch für Neukunden einfach. Die Mandanten müssen keine Parkgebühren zahlen, sondern erhalten Parkchips.

Der Berater ist gut vorbereitet und es findet keine Störung durch Telefonanrufe etc. statt. Möchte der Mandant ein Unternehmen gründen, zeigt eine Existenzgründer-Mappe mit allen wichtigen Informationen, Adressen, Förderprogrammen, Checklisten sowie einer To-Do-Liste sofort Kompetenz. Spezielle Serviceleistungen wie einen Abhol- oder Vorort-Service für die Buchhaltung, wichtige Downloads, Schulungsprogramme und eine Termingarantie differenzieren die Service-Kanzlei deutlich von den Mitbewerbern.

Die jährlich stattfindenden Mandantenveranstaltungen sind beliebt und als Netzwerkabende gedacht, auf denen Mandanten ihre Firmen vorstellen. Die Öffnungszeiten sind flexibel und Terminwünsche werden berücksichtigt. Die Korrespondenz ist für den Kunden verständlich und endet nicht mit dem Briefschluss „nach Diktat verreist". Übrigens ist dem Chef dieser Kanzlei bewusst, dass er Dienstleister ist, und er findet dies auch nicht schlimm.

32. Der Service-Buchhandel

Eine Service-Buchhandlung zeichnet sich nicht nur durch eine persönliche Beratung, Hilfestellung bei der Auswahl im großen Labyrinth der Buchneuerscheinungen, einen Geschenkservice und Hilfestellungen bei der Auswahl und dem Versand von Geschenken aus. Ich freue mich auch über eine Liste mit Lieblingsbüchern der Kunden und über monatlich aktuelle Rezensionen „Für Sie gelesen". Außerdem erwarte ich kundennahe Services wie gemütliche Leseecken, wo auch Lesebrillen griffbereit liegen.

Gute Serviceideen sind besondere Lesezeichen mit einem Dankeschön an die Kunden sowie eine Zufriedenheitsgarantie, die dem Kunden ein Rückgaberecht einräumt, wenn ihm das Buch nicht zusagt. Eine weitere Idee ist der Kinder-Buch-Pass zum Verschenken, mit dem die Kinder selbst bargeldlos zehn Bücher bis zu einem bestimmten Preislimit kaufen dürfen. Dieser Kinder-Buch-Pass kann auch so angelegt werden, dass die Kinder nach einem Jahr die Bücher wieder zurückbringen dürfen und dann neue für das nächste Lesealter erhalten. So fördern die Eltern, Großeltern oder Verwandte die Leselust der Kinder.

33. Vereinssponsoring einmal anders

In der Vergangenheit kamen die ortsansässigen Vereine regelmäßig zu uns, um Spenden zu sammeln. Gekauft haben sie aber wenig. Nun haben wir für Vereine ein eigenes „Spendensystem" entwickelt. Wir spenden am Jahresende jedem Verein einen Betrag in Höhe von fünf Prozent der durch ihn generierten Umsätze.

34. Service für sehbehinderte und ältere Kundenschaft

Einige aufmerksame Kaufhäuser bieten ihren Kunden ein am Regal hängendes Vergrößerungsglas an. Damit können auch ältere oder sehbehinderte Menschen die Produktinformationen lesen, ohne um Hilfe bitten zu müssen.

35. Pfiffiger Danke-Service mit hohem Kundenbindungswert

Eine Woche, nachdem der Wagen eines Bekannten wegen einer Panne von einem Abschleppdienst in eine Werkstatt gebracht worden war, erhielt er von dem Abschleppunternehmen eine lustige Danke-Karte. Man übermittelte ihm die besten Genesungswünsche für sein Auto. Auf der Rückseite der Karte waren alle weiteren Dienstleistungen des Unternehmens wie Reifenservice und Scheibenreparatur aufgeführt und es befand sich dort ein heraustrennbarer Aufkleber mit der Abschlepp-Hotline zum Einkleben ins Auto.

36. Konsequenter Zufriedenheitsdialog

Ein Autohändler aus Ravensburg ruft zwei Tage nach einer durchgeführten Autoreparatur den Kunden an und erkundigt sich, ob alles zur Zufriedenheit erledigt wurde oder ob es Anlass zur Beanstandung gab. Zusätzlich werden die Kunden nach Verbesserungsvorschlägen für Service und Abläufe befragt. Die Ergebnisse der Befragung werden sorgfältig dokumentiert, in Mitarbeiterbesprechungen diskutiert und Mängel werden so unmittelbar behoben. Die Maßnahmen sind Bestandteil eines internen Servicequalitätsmanagements.

37. Zielgruppenspezifischer Empfehlungsservice mit Mehrwert

Ein Autohändler aus Kassel konzentrierte sich auf die Zielgruppe Frauen, weil diese sich besonders für pfiffige Kleinwagen interessierten. Er befragte seine Mitarbeiterinnen, welche speziellen Wünsche Frauen im Zusammenhang mit Autos hätten. Das Ergebnis waren unter anderem Fahrertrainings, speziell für Frauen. Diese Kurse bot er seinen Kundinnen an und forderte sie auch auf, ihre Freundinnen mitzubringen. Durch diesen Service wuchs der Marktanteil von Renault, der im Bundesdurchschnitt bei 3,5 Prozent liegt, in Kassel auf 7,6 Prozent. Ein Service mit Mehrwert für beide Seiten.

38. Sauberkeitsgarantie eines Handwerkers

Ein Malermeister aus München gibt seinen Kunden eine Sauberkeitsgarantie. Hinterlässt ein Mitarbeiter die Wohnung des Kunden unordentlich, erhält der Kunde als Entschädigung eine professionelle Reinigungskraft, die diesen Raum auf Hochglanz bringt. Außerdem wird dem Kunden nach der Fertigstellung des Auftrages eine kleine Dose der verwendeten Farbe kostenlos überlassen.

Corporate Identity – Wie erlebt der Gast/Kunde Ihren Betrieb?

Jeder Gast oder Kunde bildet sich seine Meinung über Ihr Unternehmen anhand vielfältiger Eindrücke. Nur wenn diese in ihrer Gesamtheit ein einheitliches und klares Bild ergeben, werden Sie seine Wahrnehmung so lenken können, wie es Ihren Wünschen, Vorstellungen und Zielen entspricht. Innerhalb der Corporate Identity unterscheidet man drei Bereiche: Corporate Design, Corporate Communications und Corporate Behaviour.

Corporate Design – das Unternehmenserscheinungsbild

- Architektur (innen und außen)
- Bekleidung der Mitarbeiter
- Werbegeschenke
- Briefpapier und Visitenkarten
- Preislisten, Speise- und Getränkekarten
- Prospekt, Plakate und andere Werbemaßnahmen

Corporate Communications – Unternehmenskommunikation

- Firmenname, Slogans, Mailings und Werbebriefe
- Pressearbeit
- Werbeaussagen
- Anzeigenwerbung
- Generelle Verkaufsförderung
- Inhalt und Ablauf von Verkaufsgesprächen

Corporate Behaviour – Unternehmensverhalten

- Verhalten gegenüber Kunden/Gästen, Mitarbeitern, Mitbewerbern und Öffentlichkeit
- Korrespondenzstil
- Konfliktstil
- Arbeitsstil

Werden Sie aktiv, um gefunden zu werden

Einer der Merksätze, die ich meinen Seminarteilnehmern immer mit auf den Weg gebe, lautet:

Sorge dafür, dass du gefunden und erkannt wirst, statt zu hoffen, dass man dich sucht.

Ganz zu Beginn des Buches hatte ich ja bereits darüber gesprochen, dass die Beziehung zu Gästen und Kunden einer Liebesbeziehung nicht unähnlich ist. Das gilt auch für die Phase der Partnersuche. Viele, die bereits lange Jahre auf der Partnersuche sind, beschweren sich immer wieder darüber, dass ihre inneren Werte nicht erkannt und gewürdigt werden und sich niemand für sie interessiert.

Diese Männer und Frauen sind die Mauerblümchen, die im Verborgenen blühen und darauf warten, dass eines Tages ein strahlender Prinz oder eine strahlende Prinzession kommt, sie vorsichtig in ihre Obhut nimmt und sie dann im vollen Glanz erblühen lässt. So funktioniert es aber nicht im wahren Leben und nicht einmal in den meisten Märchen. Die Hoffnung, dass jemand gerade nach jemandem sucht, der im Verborgenen blüht, ist meist trügerisch.

Sowohl ein verstecktes Restaurant mit einem hervorragenden Koch als auch eine Boutique mit einem hervorragenden Designer, deren Geschäftsräume sich in einem Keller oder Hinterhaus befinden, kann zwar manchmal als Geheimtipp gehandelt werden, aber von all den großartigen Leuten, die es sicherlich gibt und die nicht entdeckt wurden, haben wir nie etwas zu hören bekommen. Also müssen wir selbst dafür sorgen, gefunden und erkannt zu werden. Und das fällt in der Tat vielen Menschen schwer.

Ich kenne unzählige Argumente, die benutzt werden, um passiv bleiben zu können: „Ich kann mich doch nicht selber loben". „Meine Ideen sprechen für sich selbst" und „Wenn die Leute meine Leistung nicht anerkennen, haben sie selbst Schuld". Alles falsch.

Service-Kamasutra baut auf dem Wissen und den Erkenntnissen des Neuromarketings auf. Also nutzen Sie sie!

Checklisten für das Service-Kamasutra

Maßnahmenplan

Damit wir in unserem Unternehmen den Überblick behalten, verwenden wir einen zentralen Maßnahmenplan, in dem alle laufenden Aktivitäten zur Sicherung und Verbesserung der Qualität erfasst werden.

Was	Wer	Bis	erledigt
Überarbeitung Mitarbeiterfragebogen	BR	31.10.	
Mandantenveranstaltung Planung und Organisation	WK	30.09.	
Zufriedenheitsabfrage mit Rechnung mitsenden und Ergebnisse erfassen – monatliche Auswertung	HM	25.05.	
Schriftverkehr überarbeiten – alle Vorlagen im PC anpassen	WP	30.04.	
Bürger erhalten 4 Wochen vor Ablauf des Reisepasses ein Erinnerungsschreiben durch die Passstelle	TS	30.03.	
Ritual für den ersten Arbeitstag definieren	GR	15.04.	
Belohnung für Schnellzahler einführen	MSch	15.06.	
Ablauf für Firmenkundenberatung überarbeiten – von Erstkontakt bis Finanzierungszusage/-absage	MB	30.07.	

Checkliste Servicekette

Die Grundlage für unsere Serviceoptimierung und Verbesserung ist das Prinzip der Servicekette. Wir setzen uns sozusagen auf den Rücken unserer Kunden und durchlaufen mit ihnen alle Kontaktpunkte. Begeben Sie sich auf die Suche nach Service-Gaps und Sie werden durch kleine Verbesserungen die Gesamtzufriedenheit deutlich verbessern können. Beachten Sie dabei, dass Sie unterschiedliche Kundengruppen berücksichtigen sollten. Ein erwachsener Privatpatient hat andere Erwartungen als ein Kind!

Hier ein Beispiel aus einer Zahnarztpraxis: Privatpatient Erwachsen

Kontaktpunkt Kunde	Eigenbewertung	Verbesserung	wer	bis
Telefonische Kontaktaufnahme	Na, ja – könnte besser sein. Oftmals langes Warten am Telefon	Rückrufoption und Weiterleitungen/ Warteschleife optimieren	Chef	10.04.
Terminvereinbarung	Patient erhält keine Bestätigung – 5 % No-Show-Rate	Mobilfunknummer vom Patienten wird erfasst und 1 Tag vor dem Termin eine Erinnerung gesendet	KB	30.03.
Anfahrt	Neue Patienten weisen uns auf schlechte Auffindbarkeit hin	Bei Erstterminvereinbarungen klarer Hinweis auf Parkmöglichkeiten und Anfahrt	BS	15.02.
Weg zum Gebäude	Eingangsbereich neu gestaltet	Alles O. K. – Vor Praxisöffnung Eingangsbereich kontrollieren	RS	
Eintritt	Auch während der Praxiszeiten muss geklingelt werden	Soll so bleiben, sonst keine Kontrolle über Zugang		
Begrüßung	Patienten werden, wann immer möglich, mit Namen begrüßt	Wenn Patienten am Counter stehen, wird das eingehende Telefon auf die Warteschleife geleitet	EV	

Kontaktpunkt Kunde	Eigenbewertung	Verbesserung	wer	bis
Datenaufnahme	Für ältere Patienten sind die Formulare sehr schwer zu lesen	Wir betreuen die Neupatienten beim Ausfüllen, bzw. fertigen ein neues Formular an	WS	
Wartezimmer	Neu gestrichen, neue Möbel	Kleine Kaffeemaschine, Internetterminal, Wasser, Tee steht für die Patienten bereit. Bildschirm zeigt Info über unser Praxisangebot		
WC - Waschraum	Standardausstattung	Einwegzahnbürsten, Zahnseide, Mundspülung ergänzen	SC	13.04.
Behandlung	Wir denken gut – alles soweit strukturiert	Kunden erhalten von uns nach der Behandlung einen kleinen Fragebogen zugesandt bzw. per E-Mail.	WS	10.06.
Folgetermin	Terminvereinbarung wird dem Patienten auf Zettel überreicht	E-Mail mit Terminbestätigung für Import in Outlook		
Rechnung	Factoring	Wir haben keinen Einfluss auf die Abrechnung.		
Kundenbindung	Keine	Dankeschön an unsere Kunden: Frühlingsanschreiben mit Blumensamen für die eigene Sommerwiese	AS	12.05.

194

Checkliste Mitarbeiter-Management

Nachfolgend habe ich unsere Top-Werkzeuge für unsere Mitarbeiter aufgeführt. Die entsprechenden Dokumente stehen Ihnen kostenlos auf der Internetseite www.bernd-reutemann.de zur Verfügung. Bitte geben Sie das Passwort „Servicekamasutra" ein.

Optimales Mitarbeiter-Management
Spielregeln für Mitarbeiter
Unternehmensinformation
Fragebogen für Bewerber
Stellenbeschreibung
Leitfaden Bewerbungsgespräch
Bewertung Bewerber – Anforderungsprofil
Einstellungsfilter
Einarbeitungsplan
Der erste Arbeitstag (Checkliste Vorbereitung)
Erstgespräch nach 4-6 Wochen
Fort- und Weiterbildungsplan
Mitarbeiterbewertung
Jahres-Zielgespräch / Karriereplanung
Anonyme Mitarbeiterbefragung (jährlich)
Rituale (Geburtstag, Firmenjubiläum ...)

Checklisten Führungskräfte Bischofschloss

Alle unsere Führungskräfte stellen sich regelmäßig dieser Selbstbewertung und definieren hieraus notwendige Maßnahmen und kleine „Korrekturen".

Führungskräfte-Selbstmanagement
Ich handle als Vorbild für meine Mitarbeiter
Ich gebe regelmäßig Feedback
Ich weiß, was meine Mitarbeiter leisten können (qualitativ und quantitativ)
Meine Mitarbeiter wissen, was ich von Ihnen erwarte
Ich gebe klare Anweisungen
Ich führe täglich in meiner Abteilung ein Briefing durch
Ich nehme mir regelmäßig Zeit für Gespräche in meiner Abteilung
Ich bin Vorbild im Bereich strukturierte Arbeitsweise und nutze das Schlossgeister Orga-System
Ich ermutige meine Mitarbeiter zur Einbringung von Ideen und Vorschlägen
Ich gehe mit Kundenfeedback verantwortlich um und informieren mich täglich über die aktuellen Bewertungen
Ich achte stets auf mein Erscheinungsbild
Ich erwarte von meinen Mitarbeitern nichts, was ich nicht selbst bereit bin zu tun
Ich besuche mindestens 1 x jährlich Seminare zum Thema Persönlichkeitsentwicklung/Führung
Ich kenne die Stärken und Schwächen meiner Mitarbeiter und fördere sie entsprechend
Ich pflege eine offene Kommunikation mit meinen Mitarbeitern
In meiner Abteilung gibt es klare Ziele, welche allen Mitarbeitern bekannt sind
Die an mich gestellten Anforderungen kann ich erfüllen
Ich führe ein Logbuch mit der Erfassung von „Diamanten" des Tages
Ich motiviere meine Mitarbeiter in Stresssituationen
Ich rede nicht schlecht über meine Mitarbeiter

Ich halte mich an die vorgegebenen Arbeitszeiten
Ich sorge für entsprechenden Ausgleich zur betrieblichen Belastung
Ich kümmere mich aktiv um meine körperliche Gesundheit
Ich setze mich für die gute Zusammenarbeit in der Abteilung ein
Mein Ton gegenüber den Mitarbeitern ist stets angemessen
Ich achte stets auf die Einhaltung unserer Spielregeln
Ich kenne die persönlichen Hintergründe meiner Mitarbeiter
Ich pflege ein gutes Verhältnis zu unseren Lieferanten und Partnern und behandle diese fair, ehrlich und respektvoll
Alle Mitarbeiter in meiner Abteilung schätze ich persönlich, als Mensch
Ich weiß mit der mir zustehenden Verantwortung und Macht umzugehen
Ich bin kritikfähig und coachingfähig
Ich habe meine Abteilung so organisiert, dass ich abkömmlich bin
Ich habe keine Angst davor, dass ein Mitarbeiter mehr weiß als ich
Verbesserungsvorschläge werden von mir gefördert und gefordert
Ich führe regelmäßig Feedbackgespräche mit meinem Vorgesetzten

Checkliste Führungsleitbild

Als Führungskraft vergegenwärtige ich mir regelmäßig, was meine Mitarbeiter aber auch ich selbst von mir erwarten.

Führungsleitbild
Was bedeutet „Führen" für mich (in einem Satz)?
Meine wichtigsten Tätigkeiten als Führungskraft?
Wie möchte ich selbst geführt werden?
Wie sehen mich meine Mitarbeiter?
Was wünschen sie sich vermutlich von mir?
Welche besonderen Herausforderungen als Führungskraft erwarten mich in den nächsten drei Jahren?
Wo liegen meine besonderen Stärken als Führungskraft?
An welchen Schwächen bzw. Entwicklungspotenzialen möchte ich arbeiten?
Was schätzen meine Mitarbeiter an mir als Führungskraft?
Was erzählen die Mitarbeiter über mich als Führungskraft?
Wie ist meine Strategie, wenn Mitarbeiter nicht das tun, was ich will?
Was ist meine wichtigste Zielsetzung für die Führungsausbildung?

Checkliste „Wo stehen wir"

Diese Liste nutzen wir, um uns regelmäßig unsere Stärken und Schwächen bewusst zu machen und unsere „kreative Unruhe" zu messen.

Was sind unsere Stärken und Schwächen?
Welches sind Ihre wirklichen Wow-Produkte und Leistungen – auf was sind Sie besonders stolz?
Welche neuen Produkte/Leistungen/Ideen haben Sie in den letzten 6 Monaten im Unternehmen implementiert bzw. eingeführt?
Welches waren die Volltreffer des vergangenen Jahres?
Welche Verbesserungen/Veränderungen in der Produkt- und Leistungspolitik sind derzeit geplant?
Welche Produkte und Leistungen halten Sie in Ihrem Unternehmen für deutlich „verbesserungswürdig"?
Wo sehen Sie Handlungsbedarf?
Welches waren die größten Flops des vergangenen Jahres?
Welche „Geschichte" erzählt ein Kunde, nachdem er bei Ihnen war?

Checkliste Leitbild

Diese kleine Checkliste hilft dabei, Ihr Unternehmensleitbild zu erarbeiten. Mein Tipp: KISS (keep it short and simple) – über die Jahre wird das Leitbild eventuell wachsen. Diese Kurzanleitung ersetzt natürlich nicht eine klassische Leitbild-Klausurtgung, doch sicherlich bekommen Sie einen klaren Anhaltspunkt.

Hier nochmals die Kernaussagen für unser Unternehmen:

Wir sind „die Nummer 1" als Hotel für Servicequalität und Lebensfreude

Für was stehen Sie?

Die kinderfreundliche Klinik mit Herz, der servicefreundlichste Baumarkt, die bürgerfreundlichste Verwaltung ...

Wir Schlossgeister sind bekannt dafür ...

Freude zu bereiten
Respektvoll zu handeln
Wirtschaftlich zu arbeiten
durch Ehrlichkeit zu überzeugen ...

Für was sind Sie und Ihre Mitarbeiter bekannt?

Checkliste „Lob – und Konfliktkultur"

Der offene Umgang mit Lob und eine gelebte Konfliktkultur haben unser Unternehmen in den vergangenen Jahren deutlich verändert.

Lobkultur

Wir Schlossgeister ...

- haben offene Augen für Positives
- freuen uns über jedes Lob und bedanken uns dafür
- loben täglich mindestens einmal
- leben eine aktive Lobkultur, wodurch wir positive Energie freisetzen
- loben nur von Herzen und ehrlich
- loben intern und extern
- haben Spaß beim Loben

Konfliktkultur

Wir Schlossgeister ...

- ignorieren keine Konflikte und lassen keine Schwelbrände entstehen
- lösen unsere Konflikte sachlich und zeitnah
- respektieren die Meinung des Anderen
- helfen uns gegenseitig bei der Konfliktlösung
- denken und handeln lösungsorientiert
- verurteilen nicht, versuchen zu verzeihen und sind nicht nachtragend
- sind offen und kritikfähig
- wollen gecoacht werden
- finden ein positives Ergebnis und besiegeln es mit „Shakehands"

.

Danke

Liebe Leser, zuerst einmal sage ich DANKE, dass Sie sich für dieses Buch entschieden haben und sich für das Thema Dienstleistung interessieren. Ich hoffe, dass ich Ihnen mit meinen Ideen einige Anregungen für die tägliche Praxis gegeben habe, die Sie gewinnbringend einsetzen können.

Das Thema Service- und Dienstleistung liegt mir sehr am Herzen und ich will mit diesem Buch meine Erfahrungen mit Ihnen teilen. Die Zeit der Dienstleistungsuntertanen aus der Ära des „König Kunden" neigt sich dem Ende zu und in Zukunft ist eine partnerschaftliche Beziehung mit gegenseitigem Respekt und Achtsamkeit gefordert.

Viele, die von diesem Projekt wussten, fragten mich, warum ich diesen doch etwas provozierenden Buchtitel gewählt habe. Gern werde ich dieses Rätsel auflösen.

Der Titel fiel mir beim morgendlichen Joggen ein und ich habe mich aus folgenden Gründen dafür entschieden:

Ich brauchte einen Titel, der sich gut verkauft – der Beweis ist erbracht, Sie haben das Buch in den Händen☺.

Es geht in diesem Buch um mehr als den schnellen Erfolg oder Triumph. Es geht vielmehr um Dharma, Artha und Kama, also die Kerninhalte des Kamasutra.

Man glaubt man ist gut – das heißt Service- und Dienstleistungen kann jeder in irgendeiner Weise gut. Ich will aber einige besondere Tricks und Kniffe verraten, wie es noch mehr Spaß machen kann.

Das Projekt Buch war für mich ein großes Ziel und eine noch größere Herausforderung, die ich ohne die tüchtigen Helfer im Hintergrund nicht bewältigt hätte. Als Mann des gesprochenen Wortes bin ich besonders dankbar für die tatkräftige Unterstützung durch Friedhelm Schwarz, der mir als erfahrener Autor von Wirtschaftsbüchern zur Seite stand und mit dem ich viel Freude an der Zusammenarbeit hatte. Den Verantwortlichen des Haufe Verlages Dr. Leyla Sedghi, Heiner Huß, Kerstin Boschütz, Karl-Wilhelm Strödter und dem Lektor Helmut Haunreiter danke ich für deren

Mut und das Vertrauen, mich bei meinem Erstlingswerk zu unterstützen, und meinem Lieblingsfotografen Christoph Düpper danke ich für das Cover-Foto.

Herrn Minoru Tominaga sage ich „domo arigato gozaimashita" und ich freue mich auf ein gutes Miteinander.

DANKE auch an meine Lehrmeister Volker Braun und Jürgen Kirchherr und vor allem an Irmgard und Josef Reutemann.

Ein dickes DANKESCHÖN an alle meine Schlossgeister und vor allem an meine Schwester Gerda Reutemann für ihre Unterstützung und dafür, dass sie mir seit mehr als 20 Jahren in unseren Betrieben den Rücken frei hält.

DANKE an die vielen Ideengeber und Partner: Dr. Hans-Georg Häusel, Dr. Werner T. Fuchs, Dr. Anselm Grün, Jack Welch, Prof. Fredmund Malik, Anselm Bilgri, Peter Würstle, Jürgen Bentele, Thomas Schwenck, Simon Spenninger, Patrick Bartsch, Heiko Mathis, Richard Dämpfle und Martin Bottlinger.

Den Firmen Meiko Offenburg, Thomas Cook und Holiday Land Reisen, der Kooperation HandwerkProRavensburg, der DEHOGA Baden-Württemberg, der Raiffeisenlandesbank Vorarlberg, der Hamm Reno Group und der LK Taldorf sage ich ebenfalls ein herzliches DANKE.

Von ganzem Herzen – meine Lebensfreude entspringt der Liebe, die ich von meiner Frau Margit und meinen Kindern Jule und Lina erfahre, und es ist meine Liebe zu ihnen, die uns durch unser Leben begleitet.

Genießen Sie die Zeilen und ich freue mich, von Ihnen zu hören und zu lesen: www.bernd-reutemann.de.

Rudi Hämmerle sage ich DANKE dafür, dass er mir verziehen hat, dass ich in den letzen Monaten die Musikprobe nicht regelmäßig besucht habe und er, trotz meiner unschönen Töne, neben mir sitzen blieb. Ich gelobe Besserung, Herr Dirigent.

Achtsamkeit ist die Gabe, die Schönheit des Lebens zu erkennen.

Bernd Reutemann

Stichwortverzeichnis